除草剂药害的预防与补救

主　　编　鲁传涛　王恒亮　张玉聚
副主编　康小伙　许志学　吴仁海　张永超　龚淑玲
　　　　　王守国
编写人员　（按姓氏笔画排列）
　　　　　王会艳　王守国　王恒亮　史艳红　关祥斌
　　　　　刘　胜　孙化田　吴仁海　张永超　张玉聚
　　　　　李伟东　李晓凯　许志学　杨　阳　苏旺苍
　　　　　闫　红　周新强　龚淑玲　鲁传涛　楚桂芬

U0321346

金盾出版社

内 容 提 要

本书以大量照片为主,配以简要文字,详细地介绍了除草剂药害的发生原因和症状,分别对酰胺类、均三氮苯类、磺酰脲类、磺酰胺类、咪唑啉酮类、二苯醚类、脲类、苯氧羧酸类、苯甲酸类、吡啶羧酸类、芳氧基苯氧基丙酸类、环己烯酮类、二硝基苯胺类、联吡啶类和有机磷类除草剂产生的药害及预防补救措施做了详细说明。本书内容丰富,文字通俗易懂,照片清晰、典型,适合广大农户参考使用。

图书在版编目(CIP)数据

除草剂药害的预防与补救/鲁传涛,王恒亮,张玉聚主编 . --
北京 : 金盾出版社,2012.8
ISBN 978-7-5082-7282-5

Ⅰ.①除… Ⅱ.①鲁…②王…③张… Ⅲ.①除草剂—农药
毒害—防治 Ⅳ.①S482.4

中国版本图书馆 CIP 数据核字(2011)第 221045 号

金盾出版社出版、总发行
北京太平路 5 号(地铁万寿路站往南)
邮政编码:100036 电话:68214039 83219215
传真:68276683 网址:www.jdcbs.cn
北京蓝迪彩色印务有限公司印刷、装订
各地新华书店经销
开本:850×1168 1/32 印张:4.25 字数:45 千字
2012 年 8 月第 1 版第 1 次印刷
印数:1~8 000 册 定价:18.00 元
(凡购买金盾出版社的图书,如有缺页、
倒页、脱页者,本社发行部负责调换)

前　言

农田杂草是影响农作物丰产丰收的重要因素。杂草与作物共生并竞争养分、水分、光照与空气等生长条件，严重影响着农作物的产量和品质。在传统农业生产中，主要靠锄地、中耕、人工拔草等方法防除草害，这些方法工作量大、费工、费时，劳动效率较低，而且除草效果不佳。杂草的化学防除是克服农田杂草危害的有效手段，具有省工、省时、方便、高效等优点。除草剂是社会、经济、技术和农业生产发展到一个较高水平和历史阶段的产物，是人们为谋求高效率、高效益农业的重要生产资料，是高效优质农业生产的必要物质基础。

近年来，随着农村经济条件的改善和高效优质农业的发展，除草剂的应用与生产发展迅速，市场需求不断增加；然而，除草剂产品不同于其他一般性商品，除草剂应用技术性强，它的应用效果受到作物、杂草、时期、剂量、环境等多方面因素的影响，我国除草剂的生产应用问题突出，药效不稳、药害频繁，众多除草剂生产企业和营销推广人员费尽心机，不停地与农民为药效、药害矛盾奔波，严重地制约着除草剂的生产应用和农业的发展。

除草剂应用技术研究和经营策略探索，已经成为除草剂行业中的关键课题。近年来，我们先后主持承担了国家和河南省多项重点科技项目，开展了除草剂应用技术研究；同时，深入各级经销商、农户、村庄调研除草剂的营销策略、应用状况、消费心理；并与多家除草剂生产企业开展合作，进行品种的营销策划实践。本套丛书是结合我们多年科研和工作经验，并查阅了大量的国内外文献而编写成的，旨在全面介绍农田杂草的生物学特点和发生规律，系统阐述除草剂的作用原理和应用技术，深入分析各地农田杂草的发生规律、防治策略和除草剂的安全高效应用技巧，有效地推动除草剂的生产与应用。该书主要读者对象是各级农业技术推广人员和除草剂经销服务人员；同时也供农民技术员、农业科研人员、农药厂技术研发和推广销售人员参考。

除草剂是一种特殊商品，其技术性和区域性较强，书中内容仅供参考。建议读者在阅读本书的基础上，结合当地实际情况和杂草防治经验进行试验示范后再推广应用。凡是机械性照搬本书，不能因地制宜地施药而造成的药害和药效问题，请自行承担。由于作者水平有限，书中不当之处，诚请各位专家和读者批评指正。

编著者

目　录

第一章　除草剂药害概述

一、除草剂的药害

除草剂的防治对象是与作物很相近的杂草，这方面远不同于杀虫剂和杀菌剂，在生产中对安全应用技术要求较高。任何作物都不能完全抗除草剂的药害，只能忍耐一定剂量的除草剂。也就是说，除草剂对作物与杂草的选择性不是绝对的，超越其选择性范围时作物就会发生药害。除草剂药害发生频繁，它不仅制约着除草剂的进一步推广应用，同时，由于除草剂药害的发生带来了巨大的经济损失，也日益暴露出复杂的社会问题。

二、除草剂药害的发生原因

任何作物对除草剂都不具有绝对的耐性或抗性，而所有除草剂品种对作物与杂草的选择性也都是相对的，在具备一定的环境条件与正确的使用技术时，才能显现出选择性而不伤害作物。在除草剂大面积使用中，作物产生药害的原因多种多样，其中有的是可以避免的，有的则是难以避免的。

（一）雾滴挥发与飘移

高挥发性除草剂，如短侧链苯氧羧酸类、二硝基苯胺类、硫代氨基甲酸酯类、苯甲酸类、广灭灵等除草剂，在喷洒过程中，< 100微米的药液雾滴极易挥发与飘移，致使邻近被污染的敏感作物及树

木受害。而且，喷雾器压力愈大，雾滴愈细，愈容易飘移。在这几类除草剂中，特别是短侧链苯氧羧酸酯类的2，4-D丁酯表现最为严重与突出，在地面喷洒时，其雾滴可飘移1000～2000米；而禾大壮在地面喷洒时，雾滴可飘移500米以上。若采取航空喷洒，雾滴飘移的距离更远。挥发和飘移产生的药害特征是，药害随着与处理田块的距离增加而减轻。对于易挥发的除草剂，不仅存在飘移问题，而且在施药后的一段时内药液不断挥发，不断发生药害。

（二）土壤残留

在土壤中持效期长、残留时间久的除草剂易对轮作中敏感的后茬作物造成伤害，如玉米田施用西玛津或莠去津，对后茬大豆、甜菜、小麦等作物有药害；大豆田施用广灭灵、普施特、氟乐灵，对后茬小麦、玉米有药害；小麦田施用绿磺隆，对后茬甜菜有药害。这种现象在农业生产中易于发生而造成不应有的损失。

（三）混用不当

不同除草剂品种间以及除草剂与杀虫剂、杀菌剂等其他农药混用不当，也易造成药害，如敌稗与2，4-滴丁酯、有机磷、氨基甲酸酯及硫代氨基甲酸酯农药混用，能使水稻受害等。此类药害，往往是由于混用后产生的加成效应或干扰与抑制作物体内对除草剂的解毒系统所造成。有机磷杀虫剂、硫代氨基甲酸酯杀虫剂能严重抑制水稻植株内导致敌稗水解的芳基酰胺酶的活性。因此，将其与敌稗混用或短时期内间隔使用时，均会使水稻受害。

（四）药械性能不良或作业不标准

如多喷头喷雾器喷嘴流量不一致、喷雾不匀、喷幅联结带重叠、喷嘴后滴等，造成局部喷液量过多，使作物受害。

（五）误用、过量使用以及使用时期不当

如在小麦拔节期使用百草敌或2，4－滴丁酯，水直播稻田前期应用丁草胺、甲草胺等，往往会造成严重药害。

（六）除草剂降解

除草剂降解产生有毒物质在通气不良的嫌气性稻田土壤中，过量或多次使用杀草丹，形成脱氯杀草丹，严重抑制水稻生育，结果造成水稻矮化。

（七）环境异常

异常不良的环境条件在大豆田应用甲草胺、异丙甲草胺以及乙草胺时，喷药后如遇低温、多雨、寡照、土壤过湿等，会使大豆幼苗受害，严重时还会出现死苗现象。

（八）品种差异

不同作物品种对除草剂的药害耐受程度不同，如草除灵对荠菜型油菜高度敏感，易于发生药害。

三、除草剂药害的症状表现

除草剂对作物造成的药害症状多种多样，这些症状与除草剂的种类、除草剂的施用方法、作物生育时期、环境条件密切相关。现将除草剂的症状表现归类总结如下。

（一）除草剂药害在茎叶上的症状表现

用作茎叶喷雾的除草剂需要渗透过叶片绒毛和叶表的蜡质层进

入叶肉组织才能发挥其除草效果或在作物上造成药害；应用于土壤处理的除草剂，也需植物的胚芽鞘或根的吸收进入植株体内发挥作用。当然，叶面喷雾的除草剂与经由根部吸收的除草剂，其药害症状的表现有很大差异。叶上的药害症状主要有以下几种：

1.褪绿 褪绿是叶片内叶绿体崩溃、叶绿素分解。褪绿症状可以发生在叶缘、叶尖、叶脉间或叶脉及其近缘，也可全叶褪绿。褪绿的色调因除草剂种类和植物种类的不同而异，有完全白化苗、黄化苗，也有的仅仅是部分褪绿。三氮苯类、脲类除草剂是典型的光合作用抑制剂，多数作物的根部吸收除草剂后，药剂随蒸腾作用向茎叶转移，首先是植株下部叶片表现症状，沿叶脉出现黄白化；这类除草剂用作茎叶喷雾时，在叶脉间出现褪绿黄化症状，但出现症状的时间要比用作土壤处理的快。

2.坏死 坏死是作物的某个部分如器官、组织或细胞的死亡。坏死的部位可以在叶缘、叶脉间或叶脉及其近缘，坏死部分的颜色差别也很大。例如，需光型除草剂草枯醚、除草醚等，在水稻移栽后数天内以毒土法施入稻田，水中的药剂沿叶鞘呈毛细管现象上升，使叶鞘表层呈现黑褐色，这种症状一般称为叶鞘变色。又如，氟磺胺草醚(虎威)应用于大豆时，在高温强光下，叶片上会出现不规则的黄褐色斑块，造成局部坏死。

3.落叶 褪绿和坏死严重的叶片，最后因离层形成而落叶。这种现象在果树上，特别是在柑橘上最易见到，大田作物的大豆、花生、棉花等也常发生。

4.畸型叶 与正常叶相比，叶形和叶片大小都发生明显变化成畸形。例如，苯氧羧酸类除草剂在非禾本科作物上应用，会出现类似激素引起的柳条叶、鸡爪叶、捻曲叶等症状，部分组织异常膨大，这种情况下，常常是造成生长点枯死，周缘腋芽丛生。又如，抑制蛋白质合成的除草剂应用于稻田，在过量使用情况下会出现植株矮化、叶片变宽、色浓绿、叶身和叶鞘缩短、出叶顺序错位，抽出心叶常呈蛇形扭曲。这类症状也是畸型叶的一种。

5.植株矮化　对于禾本科作物，其叶片生长受抑制也就伴随着植株矮化。但也有仅仅是植株节间缩短而矮化的例子。例如，水稻生长中后期施用2,4-D丁酯、2甲4氯钠盐时混用异稻瘟净，使稻株秆壁增厚，硅细胞增加，节间缩短，植株矮化。

除草剂在茎叶上的药害症状主要表现为叶色、叶形变化，落叶和叶片部分缺损以及植株矮化。

（二）除草剂药害在根部的症状表现

除草剂药害在根部的表现主要是根数变少，根变色或成畸形根。二硝基苯胺类除草剂的作用机制是抑制次生根的生长，使次生根肿大，继而停止生长；水稻田使用过量的2甲4氯丁酸后，水稻须根生长受阻，稻根呈疙瘩状。

（三）除草剂药害在花、果部位的症状表现

除草剂的使用时间一般都是在种子播种前后或在作物生长前期，在开花结实(果)期很少使用。在作物生长前期如果使用不当，也会对花果造成严重影响，有的表现为开花时间推迟或开花数量减少，甚至完全不开花。例如，麦草畏在小麦花药四分体时期应用，起初对小麦外部形态的影响不明显，但抽穗推迟，抽穗后绝大多数为空瘪粒。果园使用除草剂时，如有部分药液随风漂移到花或果实上，常常会造成落花、落果、畸形果或者果实局部枯斑，果实着色不匀，造成水果品质和商品价值的下降。

上述的药害症状，在实际情况下，单独出现一种症状的情况是较少的，一般都表现出几种症状。例如，褪绿和畸形叶常常是同时发生的。同一种除草剂在作物的不同生育期使用时，会产生不同的药害症状；同一种药剂，同一种作物，有时因使用方法和使用时的环境条件不同，药害症状的表现也会有差异。尤其值得注意的是，药害症状的表现是有一个过程的，随着时间推移，症状表现也随之变化，因而在识别除草剂的药害时要注意到药害症状的变化过程。

作物的茎叶、根或花果上形成的药害症状，是由于除草剂进入植物体内改变植物正常的细胞结构和生理生化活动的综合表现。例如，用百草枯处理植物叶片后，在电子显微镜下观察，其原生质膜、核膜、叶绿体膜、质体片层、线粒体膜等细胞膜系会先出现油滴状、电子密度高的颗粒，以后整个膜系都消失；从生理学上看，百草枯在植物体内参与光合作用的电子传递，在绿色组织通过光合和呼吸作用被还原成联吡啶游离基，又经自氧化作用使叶组织中的水和氧形成过氧化氢和过氧游离基。这类物质对叶绿体膜等细胞膜系统破坏力极强，最终使光合作用和叶绿体合成中止，表现为叶片黄化、坏死斑。

四、除草剂药害的调查

在诊断除草剂药害时，仅凭症状还不够，应了解药害发生的原因，因此调查、收集引起药害的因素是必要的，一般要分析如下几个方面：

（一）作物栽培和管理情况

调查了解栽培作物的播种期、发育阶段、品种情况；土壤类型、土壤墒情、土壤质地及有机质含量；温度、降雨、阴晴、风向现风力；田间化肥、有机肥施用情况；除草剂种类、用量、施药方法、施用时间。

（二）药害在田间的分布情况

除草剂药害的发生数量(田间药害的发生株率)、发生程度(每株药害的比例)、发生方式(是成行药害、成片药害)，了解药害的发生与施药方式、与栽培方式、与品种之间的关系。

（三）药害的症状及发展情况

调查药害症状的表现，如出苗情况、生长情况、叶色表现、根茎叶及芽、花、果的外观症状，同时了解药害的发生、发展、死亡过程。

（四）除草剂药害的药害程度与调查分级

调查药害的指标应根据药害发生的特点加以选择使用。除草剂药害所表现的症状归纳起来有两类，一类是生长抑制型，如植株矮化、茎叶畸形、分蘖、分枝减少等；一类是触杀型，如叶片黄化、叶片枯死等。对全株性药害，一般采用萌芽率、出苗数(率)、生长期提前或推迟的天数、植株高度和鲜重等指标来表示其药害程度。对于叶片黄化、枯斑型药害，通常用枯死(黄化)面积所占叶片全面积百分率来表示其药害程度，并计算药害指数。

江荣昌(1987)把除草剂分为生长抑制型和触杀型除草剂两大类。这两类除草剂造成的作物药害均分成O-Ⅳ级，最后统计药害指数，见表1-1。魏福香(1992)综合全株性药害症状(生长抑制等)和叶枯性(包括变色)症状，制订了0-5级和0-10级(百分率)的药害分级标准，见表1~2和表1~3。

 药害的预防与补救

表1-1 除草剂药害分级标准(江荣昌,1987)

药害分级	生长抑制型	触杀型
0	作物生长正常	作物生长正常
I	生长受抑制(不旺、停顿)	叶片1/4枯黄
II	心叶轻度畸形,植株矮化	叶片1/2枯黄
III	心叶严重畸形,植株明显矮化	叶片3/4枯黄
IV	全株死亡	叶片3/4枯黄至死亡

$$药害指数 = \frac{\sum(各级级数 \times 株数)}{调查总株数 \times 最高级数} \times 100\%$$

表1-2 0~5级药害分级表(魏福香,1992)

药害分级	分级描述	症状
0	无	无药害症状,作物生长正常
1	微	微见症状,局部颜色变化,药斑占叶面积或叶鞘10%以下,恢复快,对生育无影响
2	小	轻度抑制或失绿,斑点占叶面积及叶鞘1/4以下,能恢复,推测减产率0%~5%
3	中	对生育影响较大,畸形叶,株矮或枯斑占叶面积1/2以下,恢复慢,推测减产6%~15%
4	大	对生育影响大,叶严重畸形,抑制生长或叶枯斑3/4,难以恢复,推测减产16%~30%
5	极大	药害极重,死苗,减收率31%以上

表1-3 作物受害0-10级(百分率)分级表(魏福香,1992)

分级	百分率	症状
0	0	无影响
1	10	可忽略,微见变色、变形,或几乎未见生长抑制
2	20	轻,清楚可见有些植物失色、倾斜,或生长抑制,很快恢复
3	30	植株受害更明显,变色,生长受抑,但不持久
4	40	中度受害,褪绿或生长受抑,可恢复
5	50	受害持续时间长,恢复慢
6	60	几乎所有植株伤害,不能恢复,死苗<40%
7	70	大多数植物伤害重,死苗40%~60%
8	80	严重伤害,死苗60%~80%
9	90	存活植株<20%,几乎都变色、畸形、永久性枯干
10	100	死亡

注:药害恢复程度分3级:速(处理后7~10天恢复);中(处理后10~20天恢复);迟(处理后20天以上恢复)

五、除草剂药害的分类

除草剂对作物可能会产生形形色色的药害，由于除草剂的种类、施用时期、施药方法及作物生育时期的不同，引起作物不同的生理生化变化，可能产生不同形式的药害症状。根据分类方法的不同，除草剂药害可以分为不同类型。

（一）按除草剂药害的发生时期分类

1.直接药害 使用除草剂不当，对当时、当季作物造成药害。如在小麦3叶期以前或拔节期以后使用麦草畏对小麦造成的药害。

2.间接药害 前茬使用的除草剂残留，引起下茬作物药害；或者飘移到其他作物造成的药害。如麦田使用绿磺隆对下茬玉米产生的药害等。

（二）按发生药害的时间和速度分类

1.急性药害 施药后数小时或几天内即表现出症状的药害。如百草枯飘移到农作物、乙羧氟草醚对大豆的药害。

2.慢性药害 施药后两周或更长时间，甚至在收获产品时才表现出症状的药害。如2甲4氯水剂过晚施用于稻田，至水稻抽穗或成熟时才表现出症状。

（三）按药害症状的表现分类

1.隐患性病害 药害并没在形态上明显表现出来，难以直观测定，但最终造成产量和品质下降。如丁草胺对水稻根系的影响而使每穗粒数、千粒重等下降。

2.可见性药害 肉眼可分辨的在作物不同部位形态上的异常表现。这类药害还可分为激素型药害和触杀型药害。激素型除草剂药害如2甲4氯钠盐等主要表现为叶色反常变绿或黄化，生长停滞、矮缩、茎叶扭曲、小叶变形直到死亡；触杀型药害如百草枯等除草剂主要表现为组织出现黄、褐、白色坏死斑点，直到茎、叶鞘、叶片及组织枯死。

(四)按除草剂的作用机制分类

1.生长调节剂类药害

2.光合作用抑制剂药害

3.色素合成抑制剂药害

4.氨基酸生物合成抑制剂药害

5.幼苗生长抑制剂药害(包括对芽的抑制、根的抑制)

6.细胞膜干扰抑制剂药害

7.脂肪生物合成抑制剂

第二章　酰胺类除草剂的
药害与预防补救

一、酰胺类除草剂的典型药害症状

酰胺类除草剂的主要作用机理在于抑制脂肪合成，其中主要是抑制脂肪酸的生物合成，包括对软脂酸和油酸的生物合成；抑制发芽种子 α - 淀粉酶及蛋白酶的活性，从而抑制幼芽和根的生长。

酰胺类除草剂主要药害症状是抑制根与幼芽生长，造成幼苗矮化与畸形；幼芽和幼叶不能完全展开；叶片皱缩、粗糙，产生心脏形叶，心叶变黄；叶缘生长受抑制，出现杯状叶。药害症状出现于作物萌芽与幼苗期。

酰胺类除草剂的基本症状是种子发芽和幼苗生长。这类药害严重时作物不能发芽出土，轻度受害时才会发生以下几种药害现象：

1. 芽前施用不当，禾本科植物叶片不能从胚芽鞘中抽出、或抽出的叶片畸形，发生"葱状叶"等畸形叶，见图2-1至图2-4。

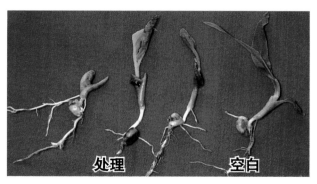

图2-1　酰胺类除草剂芽前施药对禾本科作物的典型药害症状

处理　　　空白

除草剂 药害的预防与补救

图2-2 甲草胺在小麦芽前施用的药害症状

图2-3 在花生芽前，乙草胺施用不当的药害症状

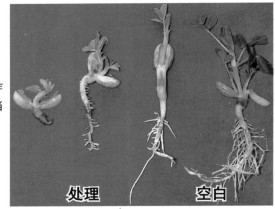

处理　空白

图2-4 在大豆播后芽前，乙草胺施用不当的典型药害症状

2.芽前施药不当，分裂组织受阻，茎尖和根系发育缓慢，株整体生长发育缓慢，植株矮小、发育畸型，见图2-5和图2-6。

图2-5　在大豆苗期，遇高温干旱条件时，茎叶喷洒异丙草胺的药害症状

图2-6　在花生苗期，遇高温干旱条件时，茎叶喷洒乙草胺11天后的药害症状

3.芽前施药不当，叶尖或中脉发育受阻，如大豆，常发生"鸡心叶"、"绳形叶"，叶色暗绿。

4.植物苗期施药，会产生药斑，对植物生长产生不同程度的抑制作用。

二、各类作物的药害症状与药害预防补救

(一)小麦药害症状与药害预防补救

酰胺类除草剂中乙草胺、丁草胺等多个品种可以用于麦田防治看麦娘、野燕麦、早熟禾、硬草等一年生禾本科杂草和部分阔叶杂草，对小麦相对安全。这些品种虽然没有在麦田单独登记使用，但乙草胺＋异丙隆、丁草胺＋绿麦隆等在麦田均有登记。酰胺类除草剂施用于

麦田，遇持续低温、高湿条件、或施药量过大、小麦播种过浅，可能产生药害。药害表现为出苗缓慢、幼苗畸型、严重时不能出苗；在小麦苗期施用量过大时也会发生药害。轻度药害加强肥水管理，短期即可以恢复，重者逐渐死亡难于补救（图2-7至图2-10）。

图2-7 在小麦播后苗前，高湿低温条件下，过量施用乙草胺30天后的药害症状

图2-8 在小麦播后苗前，高湿低温条件下，田间乙草胺施药不匀的药害症状

空白　　处理

图2-9 在小麦播后苗前，高湿低温条件下，田间乙草胺施药不匀或严重过量的药害症状

图2-10　在小麦播后苗前，高湿低温条件下，田间乙草胺施药不匀或过量的药害症状　左边为空白对照，右边为受害小麦，施用剂量偏大的小麦矮化、生长缓慢、分蘖减少

（二）水稻药害症状与药害预防补救

　　酰胺类除草剂一些品种，如苯噻草胺、丁草胺、丙草胺、敌草胺、乙草胺、敌稗等广泛用于稻田除草，但这些品种中，甲草胺对水稻的安全性最差，不能用于稻田除草；丁草胺在秧苗萌芽时施用可能产生药害，其他品种产生的药害更重；在移栽后施用时，应尽量避免撒施或喷施到茎叶上，否则也会产生药害，但一般的药害短期即可以恢复生长；敌稗施用不当，特别是与有机磷杀虫剂、氨基甲酸酯混用时易于产生药害（图2-11至图2-13）。

图2-11　在水稻育秧田，在稻发芽出苗期，施用50%乙草胺乳油5天后的药害症状

图2-12　在水稻育秧田，在稻发芽出苗期，施用乙草胺18天的药害症状

除草剂 药害的预防与补救

图 2-13 在水稻移栽返青后，茎叶喷施乙草胺 15 天的药害症状

空白   25ml/667米²   50ml/667米²

（三）玉米药害症状与药害预防补救

　　酰胺类除草剂中大多数品种可以用于玉米田，是对玉米相对安全的一类除草剂。但是，施药时如遇持续低温、高湿条件，或用药量过大、或在玉米发芽期施药到芽区、或施药后遇强降雨而使药剂接触，对玉米易于发生药害。另外，在玉米生长期，特别是遇高温高湿或高温干旱天气或雨后晴天中午施药，玉米心叶扭缩扭曲、叶片斑点。一般情况下生长会逐渐恢复正常，但个别药量较大时玉米生长受到严重影响而难于采取补救措施（图 2-14 至图 2-17）。

图2-14 在玉米播后苗前，高湿低温条件下，过量施用乙草胺 6 天后的药害症状

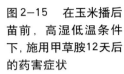

图2-15 在玉米播后苗前,高湿低温条件下,施用甲草胺12天后的药害症状

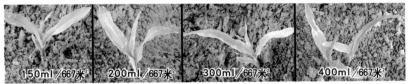

图2-16 在玉米生长期,特别是遇高温干旱天气或晴天中午施药,茎叶喷施异丙草胺3天后的药害症状

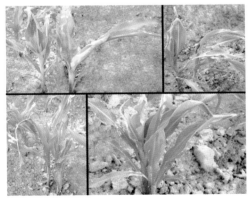

图2-17 在玉米生长期,特别是遇高温高湿天气或雨后晴天中午施药,茎叶喷施异丙草胺18天后的药害症状

(四)花生药害症状与药害预防补救

酰胺类除草剂中大部分品种,如乙草胺、甲草胺、异丙甲草胺、异丙草胺、敌草胺、丁草胺等可以用于花生田,在花生播后芽前或生长期施用对花生均相对安全。但是,遇持续低温、高湿条件或施用过量时,可能会发生一定程度的药害,一般情况下,药

害较轻影响较小（图2-18至图2-21）。

图2-18　在花生播后苗前，持续低温高湿条件下，过量施用乙草胺8天后的药害症状

图2-19　在花生播后苗前，高湿低温条件下，施用乙草胺12天后的药害症状

图2-20　在花生播后苗前，持续低温高湿条件下，施用乙草胺18天后的药害症状

图2-21　在花生生长期，遇干旱或晴天中午施药，茎叶喷施乙草胺的药害症状

(五)大豆药害症状与药害预防补救

酰胺类除草剂中很多品种，如乙草胺、甲草胺、异丙甲草胺、异丙草胺等，是大豆田重要的除草剂，在大豆播后芽前施用时易于出现药害，遇持续低温、高湿条件或过量施用时，可能发生严重的药害，抑制大豆生长、大豆新叶皱缩，轻者可以恢复，重者可致死亡难于补救；生长期施药药害严重，不宜施用（图2-22至图2-24）。

图2-22 在大豆播后苗前，遇持续低温高湿条件，施用50%乙草胺乳油8天后的药害症状

图2-23 在大豆生长期，茎叶喷施72%异丙草胺乳油12天后的田间药害恢复情况

图2-24 在大豆生长期，遇高温干旱或晴天上午，茎叶喷施50%异丙草胺12天后的药害症状

（六）棉花药害症状与药害预防补救

酰胺类除草剂中大部分品种，如乙草胺、甲草胺、异丙甲草胺、异丙草胺、敌草胺、丁草胺等，可以用于棉田防治多种杂草，在棉花播后芽前施用时对棉花相对安全。然而，该类除草剂中苯噻草胺、敌稗不能用于棉田除草，在棉田施用均会发生不同程度的药害或生长抑制现象，特别是在遇持续高湿、低温或高温条件下过量施用，会发生一定程度药害。药害出现后加强肥水管理，短期即可以恢复生长（图2-25至图2-26）。

图2-25 在棉花播后苗前，在持续低温、高湿条件下过量施用72%异丙甲草胺乳油10天后的药害症状比较

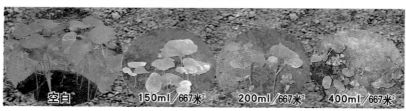

图2-26 在棉花播后苗前，在持续低温、高湿条件下过量施用50%乙草胺乳油16天后的药害症状比较

（七）其他作物药害症状与药害预防补救

酰胺类除草剂可以用于很多种农作物和蔬菜田，施药不当易于发生药害，特别是在遇持续高湿、低温或高温条件或过量施用，药害较为严重（图2-27至图2-30）。

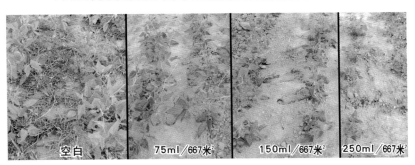

图2-27 在芸豆播后芽前，遇高湿条件，喷施50%乙草胺乳油40天后的田间长势比较 受害芸豆的长势差于空白对照，低剂量处理对芸豆的影响较小，受害较重的芸豆开始枯黄死亡

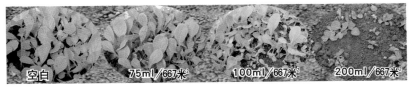

图2-28 在白菜播后芽前，特别是春天遇低温高湿条件，喷施50%乙草胺乳油15天后药害症状 白菜叶片肿大、肥厚，心叶畸形，生长受抑制，严重者枯死

图2-29 在黄瓜播后芽前，遇高湿条件，喷施50%乙草胺乳油30天后的药害症状 黄瓜低矮，叶片皱缩，根系较差，根毛较少，发育缓慢，叶色暗绿，长势明显差于空白对照，剂量越大药害越重

图2-30　在黄瓜播后芽前，特别是遇到低温高湿条件，喷施50％乙草胺乳油的药害症状　黄瓜出苗缓慢、生长较慢，心叶皱缩，以后随着生长会逐渐恢复。低剂量处理对黄瓜生长影响较小，而高剂量处理对黄瓜生长影响较大

(八)酰胺类除草剂的安全应用原则与药害补救方法

　　所有土壤处理的酰胺类除草剂，其除草效果和用量均与土壤特性、特别是有机质含量及土壤质地有密切关系。通常在高温和土壤高湿条件下，土壤处理的酰胺类除草剂除草效果高，用药量可以适当降低；低温时效果差，用药量应加大。但施药后如遇持续低温及土壤高湿，对作物会产生一定的药害，表现为叶片褪色、皱缩、生长缓慢，随着温度的升高，便逐步恢复正常。此类除草剂的药效高低与土壤含水量关系密切，通常表土层含水量达15％～18％时，药效才能充分发挥，喷药后15天内需15毫米降雨；在干旱条件下，喷药后宜浅混土或在作物播种前喷药拌土、或与作物播种同时进行带状喷药并盖土。

第三章　均三氮苯类除草剂的
药害与预防补救

一、均三氮苯类除草剂的典型药害症状

均三氮苯类除草剂是典型的光合作用抑制剂，不直接抑制种子的发芽与出苗，通常对根系的发育也不产生直接的影响，在植物出苗后见光的条件下才产生药害，药害典型症状是叶片组织失绿、坏死与干枯，这些症状最先出现于叶缘和叶尖，其后向中间逐步扩展。具体药害症状表现在以下几个方面：

1．均三氮苯类除草剂对植物的药害症状首先表现在叶尖和叶缘，而后向叶内其他部位扩展，症状见图3-1和图3-2。

图3-1　均三氮苯类除草剂茎叶期施药不当对玉米的典型药害症状

图3-2　均三氮苯类除草剂茎叶期施药不当对小麦的典型药害症状

23

2．植物受害后叶片发黄，一般土壤施药或以根系吸收的药剂，其典型的症状是叶脉及其周围组织失绿、发黄，而后整个叶片枯死，症状见图 3-3；茎叶喷施或茎叶吸收的药剂，其典型的症状是叶脉间组织失绿、发黄，而后整个叶片枯死，症状见图 3-4。

图 3-3　莠去津残留对大豆的典型药害症状

图 3-4　氰草津茎叶期施药不当对棉花的典型药害症状

3．一般植物受害后上部嫩叶片首先受害，而后其他叶片枯黄死亡。

4．植物受害后症状表现较快，在作物芽前施药时真叶出来后，真叶即开始受害表现症状，几天内即行死亡；茎叶喷施时，3～5 天开始出现症状，7～10 天全株死亡。

二、各类作物的药害症状与药害预防补救

(一)水稻药害症状与药害预防补救

均三氮苯类除草剂中一些品种是稻田常用除草剂，如扑草净、西草净，但对水稻安全性不好，易于对水稻发生药害；另外，有些品种由于误用、残留等原因，如莠去津、西玛津，易于对水稻发生药害（图3-5至图3-7）。

图3-5　在水稻移栽返青后，模仿残留或错误用药，地面施用38％莠去津悬浮剂15天后的药害症状　受害水稻叶片从叶尖和叶缘开始黄化，而后逐渐枯死

图3-6　在水稻移栽返青后，茎叶喷施50％扑草净可湿性粉剂6天后药害症状　水稻叶片黄化，叶尖和叶缘枯死，水稻长势弱于空白

图3-7　在水稻移栽返青后，茎叶喷施25％西草净可湿性粉剂15天后药害症状　水稻叶片黄化，叶尖和叶缘枯死，水稻长势弱于空白

除草剂 药害的预防与补救

(二)玉米药害症状与药害预防补救

　　均三氮苯类除草剂中很多品种是玉米田常用除草剂，如莠去津、西玛津、氟草净、扑草净等，但有些对玉米安全性较差，易对玉米发生药害；有些品种芽前施药安全，而生长期施药易于发生药害；多数品种在条件适宜的情况下对玉米安全，在高温、低温干旱条件下可能发生药害，如莠去津对玉米比较安全，但遇低温等不利玉米生长时也会发生严重的药害（图3-8至图3-10）。

图3-8　在玉米生长期，遇低温干旱条件，叶面喷施38%莠去津悬浮剂后的药害症状　施药后10天开始出现症状，受害玉米叶片黄化并出现少量褐斑，生长受到抑制。但一般情况下随着气温回升生长会逐渐恢复

图3-9　在玉米生长期，叶面喷施40%氰草津悬浮剂200毫升/667米²后的药害症状　施药后受害玉米叶片黄化并出现少量褐斑，玉米生长受到抑制，重者可致叶片干枯死亡

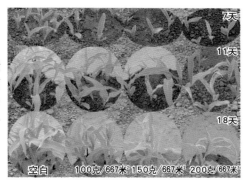

图 3-10　在玉米播后芽前，喷施 50% 扑草净可湿性粉剂后药害症状　玉米基本出苗，苗后叶片黄化，重者由叶尖和叶缘开始大量枯黄、枯死

（三）花生药害症状与药害预防补救

均三氮苯类除草剂中部分品种可以用于花生田除草，如扑草净等，但对花生安全性较差，易于对花生发生药害；另外，有些品种由于误用、残留等原因，如莠去津、西玛津，易于对花生发生药害（图 3-11 至图 3-13）。

图 3-11　在花生播后芽前，喷施 50% 扑草净可湿性粉剂 400 克／667 米² 的药害症状比较　受害花生正常出苗，苗后叶片黄化，从叶尖和叶缘开始逐渐枯死

图 3-12　在花生播后芽前，喷施 50% 扑草净可湿性粉剂的药害症状　受害花生正常出苗，苗后叶片黄化，从叶尖和叶缘开始枯死。高剂量区基本死亡，低剂量处理也受到较大的影响。光照强、温度高药害发展迅速

27

除草剂 药害的预防与补救

	50%扑草净可湿性粉剂		50%乙草胺乳油
空白	100克/667米²	200克/667米²	200克/667米²

图3-13　在花生播后芽前，喷施除草剂的药害症状　施药后花生正常出苗，苗后叶片黄化，前期生长略受影响，一般低剂量下对花生生长影响不大，部分受害重的花生从叶尖和叶缘开始枯黄，个别叶片枯死。

（四）大豆药害症状与药害预防补救

均三氮苯类除草剂中扑草净等一些品种可以用于大豆田除草，但对大豆安全性很差，易于发生药害；另外，有些品种由于误用、残留等原因，如莠去津、西玛津，易于对大豆发生药害（图3-14至图3-15）。

图3-14　在大豆播后芽前，喷施50%扑草净可湿性粉剂的药害症状　大豆正常出苗，苗后叶片黄化，重者叶片逐渐枯死。光照强、温度高时药害发展迅速

图3-15　在大豆播后芽前，特别是低温干旱条件下，喷施50％扑草净可湿性粉剂的药害症状　大豆苗后叶片黄化不长，逐渐枯死，最后全株死亡

（五）棉花药害症状与药害预防补救

均三氮苯类除草剂中一些品种可以用于棉花田除草，如扑草净，但对棉花安全性较差，易于发生药害；另外，有些品种由于误用、残留、飘移等原因，如莠去津、西玛津，易于对棉花发生药害（图3-16至图3-17）。

图3-16　在棉花播后芽前，喷施50％扑草净可湿性粉剂16天后的药害症状　受害棉花正常出苗，高剂量区苗后叶片黄化或枯萎，全株死亡，光照强、温度高时药害发展迅速

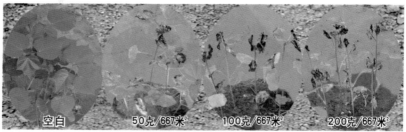

图3-17 在棉花生长期，模仿错误用药，叶面喷施50%扑草净可湿性粉剂10天后的药害症状 受害棉花叶片黄化、大面积出现黄斑，叶片从叶尖和叶缘开始出现枯死，重者逐渐全株枯死

（六）其他作物药害症状与药害预防补救

均三氮苯类除草剂具有较强的选择性，扑草净可以用于部分蔬菜田，但安全性也很差；其他品种基本上不能用于一般蔬菜和经济作物，生产中由于误用、残留、飘移等原因，经常发生药害（图3-18至图3-25）。

图3-18 在甘薯移栽前，喷施40%氰草津悬浮剂后的药害症状 受害甘薯苗失绿黄化，高剂量叶片失绿、枯黄，重者逐渐死亡

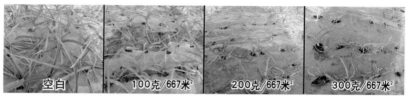

图3-19 在大蒜播后芽前，喷施50%扑草净可湿性粉剂38天后的药害症状 受害大蒜正常出苗，苗后叶片黄化，药害严重时从叶尖和叶缘开始枯死

图 3-20　在油菜播后芽前，喷施 50％扑草净可湿性粉剂 15 天后药害症状　受害油菜出苗后即失绿、黄化枯死

空白　　　　　150克/667米²

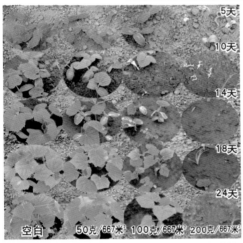

5天
10天
14天
18天
24天

空白　50克/667米²　100克/667米²　200克/667米²

图 3-21　在黄瓜播后芽前，喷施 50％扑草净可湿性粉剂后的药害症状　受害黄瓜基本上出苗，高剂量区苗后叶片失绿、枯黄，逐渐死亡

10天
16天
21天

空白　　　　50克/667米²　　　100克/667米²　　200克/667米²

图 3-22　在胡萝卜播后芽前，喷施 50％扑草净可湿性粉剂后的药害症状　施药后胡萝卜出苗基本正常，剂量较高时个别受药害死亡

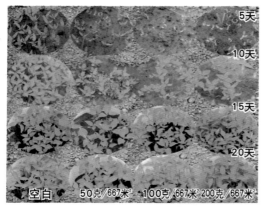

图3-23 在辣椒播后芽前,喷施50％扑草净可湿性粉剂后的药害症状 施药后辣椒出苗基本正常,受害辣椒叶片黄化,一般剂量下对辣椒影响较小,高剂量区苗后叶片失绿、枯黄,重者逐渐死亡

图3-24 在小白菜(上海青)播后芽前,喷施50％扑草净可湿性粉剂后的药害症状与长势比较 施药后小白菜出苗略慢,幼苗黄化,以后大量枯黄死亡,药害严重

图3-25 在白菜播后芽前,喷施50％扑草净可湿性粉剂后的田间药害症状 施药后白菜出苗后即叶片黄化枯死,大量死亡,药害表现严重

(七)均三氮苯类除草剂的安全应用原则与药害补救方法

均三氮苯除草剂对杂草种子无杀伤作用，也不影响种子发芽，它们主要防治杂草幼芽，故应在作物种植后、杂草萌芽前使用，有些品种虽然也可在苗后应用，但应在杂草幼龄阶段用药。

在土壤特性中，对均三氮苯除草剂活性影响最大的是土壤有机质与粘粒含量。由于它们对除草剂产生强烈吸附作用，因而导致除草效果下降。吸附作用机制因 pH 而异，同时，土壤湿度、温度以及土壤溶液成分也影响均三氮苯除草剂的吸附作用和生物活性。被吸附的药剂不能被植物吸收。在黏粒与有机质含量高的土壤中，西玛津对植物的毒性下降。

土壤酸度也是影响均三氮苯除草剂吸附作用的重要因素。当 pH 由 5.2 增至 9.6 时，土壤对它们的吸附作用减弱，随着 pH 下降，土壤和古敏酸对阿特拉津的吸附作用显著增强。研究证明，土壤 pH 升高，扑草通与仲丁通对玉米的毒性增强，在石灰性土壤中，这两种除草剂严重伤害玉米，而在酸性土壤中则无此现象。但是，土壤 pH 对莠去津影响不大，在任何 pH 条件下，莠去津对玉米都较为安全。

第四章 磺酰脲类、磺酰胺类与咪唑啉酮类除草剂的药害与预防补救

一、磺酰脲类、磺酰胺类与咪唑啉酮类除草剂的典型药害症状

磺酰脲类、磺酰胺类与咪唑啉酮类除草剂对植物的主要作用靶标是乙酰乳酸合成酶，从而抑制支链氨基酸和蛋白质的生物合成。植物受害后生长点坏死或畸形、生长停滞，植物生长严重受抑制，最终全株枯死。具体药害症状表现在以下几个方面：

1.受害植物的第一表现为生长停滞、矮化，而后由心叶开始逐渐萎黄(图4-1)。

图4-1 在大蒜播后芽前，模仿残留或错误用药，喷施80%唑嘧磺草胺水分散粒剂后的药害症状 出苗后生长缓慢，根系差，须根少，根短，无根毛

2.受害植物根系发育严重受阻，根老化，根尖坏死，侧根与主根短、根数量减少，无根毛(图4-2)。

图4-2 在大豆生长期，叶面喷施24％甲咪唑烟酸水剂5天后的药害症状 大豆植株矮小，心叶黄化皱缩，叶片枯黄，长势差于空白

3.一年生敏感植物，受药后3～5天开始出现药害症状，一般死亡需要持续较长时间(图4-3)；耐药性作物药害症状表现可能更慢，甚至到作物收获时才表现出对产量和品质的影响(图4-4)。

图4-3 绿磺隆对玉米的药害症状 根老化，根尖坏死，根少，无根毛

图4-4 在玉米播后芽前，模仿飘移或错误用药，喷施低剂量苄嘧磺隆对玉米穗的药害症状 玉米出苗基本正常，苗后生长缓慢，重者心叶发黄、卷缩，逐渐枯萎

4．一年生禾本科植物，受害后植株矮化、心叶发黄、叶色黄化或出现紫色(图4-2)；新生叶片卷缩(图4-5)；有时，叶片发黄或呈半透明条纹(图4-6)。

5．阔叶作物受害后生长缓慢、心叶黄化、萎缩、皱缩、叶脉发红或紫色(图4-3和图4-7)。

6．磺酰脲类除草剂药害表现缓慢，对作物损失严重，且难于解除。

图4-5　在玉米播后芽前，过量喷施80％唑嘧磺草胺水分散粒剂23天后的药害症状　出苗后生长缓慢，心叶黄化、矮缩，根系差，须根少，根短无根毛，之后心叶萎缩，重者逐渐死亡

图4-6　胺苯磺隆对大豆的药害症状　心叶黄化、萎缩，叶脉发红或发紫

图4-7　在小麦播后芽前，过量喷施80％唑嘧磺草胺水分散粒剂30天后的药害症状　施药后生长缓慢，心叶黄化、矮缩，叶片条状发黄，生长受到严重抑制

二、对各类作物的药害症状与药害预防补救

（一）小麦药害症状与药害预防补救

磺酰脲类、磺酰胺类与咪唑啉酮类除草剂中一些品种为麦田专用除草剂，如噻磺隆、苯磺隆、甲磺隆、绿磺隆、醚苯磺隆、氨基嘧磺隆、唑嘧磺草胺、双氟磺草胺等，它们一般于小麦苗后2叶期至拔节期施用，对小麦比较安全；但如果在小麦针叶期、或播后芽前过量施用易于发生药害；在正常施用期内混用不当，如与有机磷杀虫剂或氨基甲酸酯类杀虫剂混用或间隔时间太短均可能发生药害；这些类除草剂中有些品种残效期较长，如氯嘧磺隆、甲咪唑烟酸等，因上茬作物中施用过量或过晚，会对后茬小麦等发生药害（图4-8至图4-14）。

图4-8　在小麦播后芽前，为防治地下害虫，混合喷施50%噻磺隆可湿性粉剂+40%辛硫磷乳油38天后对小麦的药害症状　小麦出苗稀疏，生长受到明显抑制，长势明显弱于空白对照

图4-9　在小麦播后芽前，过量施用10%苯磺隆可湿性粉剂38天后对小麦的药害症状　小麦出苗稀疏，生长受到抑制，长势明显弱于空白对照，但一般后期可以恢复，对小麦产量影响不大

图4-10　小麦生长期，遇低温高湿或干旱（砂碱性土壤会加重）等不良环境条件下，过量施用苯磺隆对小麦药害严重　小麦心叶扭曲，生长受严重抑制

图4-11　小麦生长期，遇低温高湿或干旱（砂碱性土壤会加重）等不良环境条件下，过量施用苯磺隆对小麦药害严重　小麦叶片从叶尖叶缘枯黄，心叶扭曲黄化

图4-12　甲基二磺隆在小麦苗期施用不当对小麦的典型药害症状　小麦生长受到严重抑制，茎叶黄化，心叶枯萎、畸形卷缩、坏死

图4-13　在小麦播后芽前，模仿残留用药，喷施4％甲氧咪草烟水剂后的药害症状　受害小麦矮小，叶片条状发黄，生长受到抑制，长势明显差于空白对照，但死亡所需时间较长

图4-14　在小麦拔节后过量施用甲基二磺隆对小麦的药害症状表现过程　小麦生长会受到严重抑制，植株矮缩，轻者会逐渐恢复生长，重者小麦心叶黄化、畸形卷缩、逐渐死去

（二）水稻药害症状与药害预防补救

　　磺酰脲类、磺酰胺类与咪唑啉酮类除草剂中有很多品种是稻田除草剂，如苄嘧磺隆、吡嘧磺隆、醚磺隆、乙氧嘧磺隆等，在一般情况下施用对水稻安全，但施药剂量、施药方式不当时，可能对水稻发生药害；也有一些品种持效期较长，如甲咪唑烟酸、甲磺隆、绿磺隆等，由于上茬施药不当，会对后茬水稻发生药害。另外，也有一些品种误用到水稻发生一些不必要的药害。磺酰脲类除草剂对水稻产生的药害症状主要是抑制根生长、减少根数量，水稻根系往往沿土表生长，产生高跷现象，从而使水稻植株生长于1～3厘米表土层，造成永久性根减少，影响水稻的正常生长。

除草剂 药害的预防与补救

通常水直播稻的药害比旱直播或移栽稻严重，粳稻比籼稻严重（图4-15至图4-17）。

图4-15 在水稻育秧田，模仿残留或错误用药，在催芽播种后，喷施10%胺苯磺隆可湿性粉剂18天后的药害症状 水稻出苗缓慢，稻苗矮缩、黄化，生长受到严重抑制，部分稻苗叶尖枯黄，逐渐死亡

图4-16 在水稻移栽前，模仿残留用药，喷施5%咪唑乙烟酸水剂15天后的药害症状 受害水稻根系呈褐黑色，根系弱小，根少而短

图4-17 在水稻移栽返青后，模仿残留或错误用药，喷施10%胺苯磺隆可湿性粉剂21天后的药害症状 稻苗矮小、黄化，根系弱小发黑，须根少而短，叶尖叶缘枯黄，死亡

（三）玉米药害症状与药害预防补救

　　磺酰脲类、磺酰胺类与咪唑啉酮类除草剂中烟嘧磺隆、砜嘧磺隆、噻磺隆是玉米田除草剂，对玉米相对安全，但施用不当或遇高温条件下也会发生药害；也有一些品种持效期较长，如甲磺隆、绿磺隆、咪唑乙烟酸等，由于上茬施药不当，会对玉米发生药害；另外，也有一些品种误用到玉米发生一些不必要的药害。磺酰脲类除草剂对玉米产生的药害症状主要是抑制根和茎生长点生长、减少根数量，影响玉米的正常生长发育，重者可致死亡，生产中难于进行有效地补救（图4-18至图4-23）。

图4-18　在华北旱作麦区，小麦田施用绿磺隆对后茬玉米的田间药害症状　玉米出苗正常，苗后生长缓慢，心叶发黄，植株矮小，一般完全死亡所需时间较长

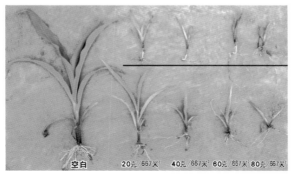

图4-19　在玉米播后芽前，过量喷施15%噻磺隆可湿性粉剂25天后对玉米的药害症状　玉米根系发育受阻，须根少，根毛少，剂量低时死亡较慢，生长受到显著抑制

图 4-20　在玉米播后芽前，过量喷施 15% 噻磺隆可湿性粉剂 30 天后对玉米的药害症状　玉米根系发育受阻，须根少，根毛少，剂量低时死亡较慢，生长受到显著抑制

图 4-21　烟嘧磺隆对玉米药害的症状

图4-22 玉米生长期施用烟嘧磺隆过晚对玉米生长后期的药害症状

图4-23 玉米生长期施用烟嘧磺隆过晚对玉米穗部药害症状

(四)花生药害症状与药害预防补救

磺酰脲类、磺酰胺类与咪唑啉酮类除草剂中噻磺隆可以用于花生田播后芽前除草,甲咪唑烟酸是花生田重要除草剂,对花生比较安全;但如果过量施用易于发生药害、或生产上用有机磷杀虫剂或氨基甲酸酯类杀虫剂拌种时可能发生较重药害;有些品种残效期较长,如绿磺隆、甲磺隆等,在上茬作物中施用过量或过晚,会对花生发生药害。药害症状见图4-24至图4-32。

图4-24 在花生播后芽前，喷施噻磺隆的典型药害症状 随着生长，低剂量下花生生长可能受暂时抑制，慢慢恢复生长；高剂量下心叶缓慢死亡

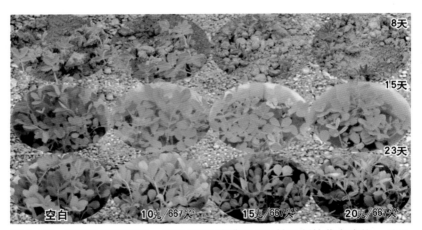

图4-25 在花生播后芽前，喷施15％噻磺隆可湿性粉剂的药害症状 花生可以正常出苗，但苗后生长受到抑制，叶片发黄，心叶黄化，高剂量区花生的生长受到严重抑制

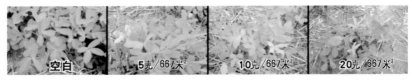

图4-26 在花生生长期，叶面喷施15％噻磺隆可湿性粉剂11天后的药害症状 花生心叶黄化，生长受到严重抑制，长势明显弱于空白对照，重者缓慢死亡

图4-27 苯磺隆残留对花生的田间药害症状 心叶发黄，生长受到严重抑制

图4-28 在花生播后芽前，错误用药，喷施15％苯磺隆可湿性粉剂后的药害症状 生产中麦田苯磺隆施药过晚或在花生田误用苯磺隆后均会发生药害。受害花生可以正常出苗，但苗后生长受到抑制，根系发育受阻，根毛减少，根部逐渐变褐，叶片发黄，心叶黄化，缓慢死亡

图4-29 苯磺隆残留花生后期药害症状 受害花生根系发育受阻，根毛少且发黑，结果量少

图4-30 在花生生长期，叶面喷施24%甲咪唑烟酸水剂后的药害症状 甲咪唑烟酸对花生比较安全，高剂量下施药5～7天叶色发黄，生长受到暂时抑制，以后会逐渐恢复生长

图4-31 在花生播后芽前，模仿残留用药，喷施5%咪唑乙烟酸水剂26天后的药害症状 受害植株矮小，根系发黑坏死，心叶萎黄，长势明显差于空白对照，缓慢死亡

图4-32 在花生生长期，叶面喷施24%甲咪唑烟酸水剂60毫升/667米²后的药害症状 施药5～7天叶色发黄，心叶出现皱缩、黄化条纹，生长受到暂时抑制，10～12天会逐渐恢复生长

（五）大豆药害症状与药害预防补救

磺酰脲类、磺酰胺类与咪唑啉酮类除草剂中噻磺隆、氯嘧磺隆、唑嘧磺草胺等可以用于大豆田播后芽前除草，对大豆安全性较差，施用时稍微过量就可能发生药害；咪唑乙烟酸等可以用于大豆田播后芽前和生长期除草，施用时不当对大豆和后茬均易于发生药害；磺酰脲类中有些品种残效期较长，如绿磺隆、甲磺隆等，因上茬作物中施用过量或过晚，会对大豆发生严重的药害。药害症状见图4-33至图4-45。

图4-33 在大豆播后芽前，过量喷施15%噻磺隆可湿性粉剂19天的药害症状 大豆生长受到抑制，低剂量下对生长影响较小，高剂量下对生长有一定的抑制作用，重者会逐渐死

图4-34 在大豆生长期，叶面喷施15%噻磺隆可湿性粉剂10天的药害症状 大豆心叶黄化，生长受到严重抑制

47

图4-35　在大豆播后芽前，过量
喷施10％氯嘧磺隆可湿性粉剂的
药害症状　大豆可以出苗，但苗
后生长受到抑制，叶片发黄，心叶
黄化，根系老化变黑，生长受到抑
制，叶脉发红，重者甚至死亡

图4-36　在大豆播后芽前，遇持续低温高
湿条件，喷施10％氯嘧磺隆可湿性粉剂15
克／667米219天的典型药害症状　大豆
叶片发黄，心叶发育畸形，有时多分枝，
新生叶片细长，根系变褐色，根毛较少，
生长缓慢

图4-37　在大豆播后芽前，遇持续低温高湿条件，喷施10％氯嘧磺隆可湿性
粉剂19天的药害症状　大豆可以出苗，但苗后生长受到抑制，叶片发黄，心
叶发育畸形，新生叶片呈现各种长条状，叶片皱缩，植株矮化，重者会逐渐死亡

图 4-38　在大豆生长期，叶面喷施 10% 氯嘧磺隆可湿性粉剂 10 克 /667 米² 的药害表现过程　大豆心叶黄化，生长受到严重抑制

图 4-39　在大豆生长期，错误施药，叶面喷施 10% 胺苯磺隆可湿性粉剂 10 克 /667 米² 5 天的药害症状　大豆心叶黄化，叶脉发红，生长受到严重抑制

图 4-40　在大豆生长期，错误施药，叶面喷施 10% 胺苯磺隆可湿性粉剂 16 天的药害症状　大豆长势明显弱于对照，心叶黄化，生长受到严重抑制，以后缓慢死亡

 **除草剂** 药害的预防与补救

图4-41　在大豆生长期，叶面喷施过量4％甲氧咪草烟水剂16天后的药害症状　大豆叶片枯黄，枯死

图4-42　大豆播后芽前，在温度较高的条件下，喷施5％咪唑乙烟酸水剂19天后的药害症状　大豆出苗稀疏，植株矮小，心叶萎黄，长势明显差于空白对照

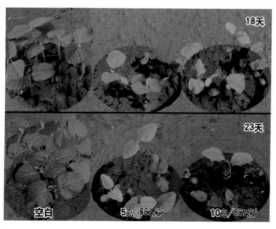

图4-43　在大豆播后芽前，过量喷施80％唑嘧磺草胺水分散粒剂后的药害症状　施药后大豆正常出苗，苗后生长缓慢，心叶黄化、矮缩，生长受到抑制

图4-44 在大豆生长期，叶面喷施80%唑嘧磺草胺水分散粒剂后的药害症状 施药后生长缓慢，心叶黄化，叶脉发红、发紫、矮缩

图4-45 在大豆生长期，叶面喷施80%唑嘧磺草胺水分散粒剂4克／667米² 6天后的药害症状 施药后心叶黄化、萎缩，叶脉发红

（六）其他作物药害症状与药害预防补救

　　磺酰脲类、磺酰胺类与咪唑啉酮类除草剂具有较强的选择性，部分品种残留期较长，在生产中施用不当，对后茬多种作物易于发生药害。另外，生产中由于误用、飘移等原因，经常发生药害。药害症状见图4-46至图4-57。

图4-46　麦棉套作田苯磺隆残留对棉花的药害症状　棉花移栽后生长发育缓慢，心叶发黄、生长畸形，药害轻者生长受到抑制而减产，重者缓慢死亡，但棉花完全死亡所需时间较长

图4-47　在棉花播后芽前，模仿残留或错误用药，喷施10%苯磺隆可湿性粉剂的药害症状　棉花苗后生长受到严重抑制，心叶发黄、畸形或有细小畸形分枝，根系弱小变褐，棉株矮小

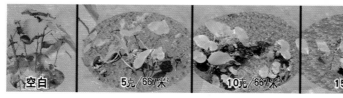

图4-48　在棉花播后芽前，模仿残留或错误用药，喷施10%苯磺隆可湿性粉剂的药害症状　棉花可以出苗，苗后生长受到严重抑制，心叶发黄、畸形，棉株矮小，逐渐枯萎死亡

图 4-49 在棉花播后芽前，模仿残留或错误用药，喷施10%胺苯磺隆可湿性粉剂23天的药害症状 棉花可以出苗，苗后生长受到严重抑制，心叶发黄、生长畸形，缓慢死亡，棉花完全死亡所需时间较长

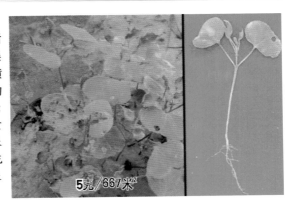

图4-50 在棉花生长期，模仿飘移或错误用药，喷施10%氯嘧磺隆可湿性粉剂10天的药害症状 棉花生长受到抑制，心叶黄化、坏死，茎红化，叶脉发红，部分叶片枯死，长势明显弱于对照，以后逐渐死亡

图4-51 在红薯生长期，错误用药，喷施15%噻磺隆可湿性粉剂10天的药害症状 生长受到严重抑制，心叶坏死，叶片黄化，逐渐死亡

图4-52 油菜生长期，错误用药施用苯磺隆飘移后的田间药害症状 受害油菜生长受到严重抑制，重者心叶坏死，油菜的产量品质受到影响

图4-53 油菜生长期，错误用药施用苯磺隆飘移后的药害症状 受害油菜植株矮小，心叶发黄，生长受到严重的抑制

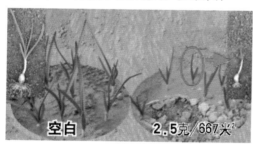

图4-54 在大蒜播后芽前，错误用药，喷施10%苯磺隆可湿性粉剂的药害症状 大蒜基本上正常出苗，苗后生长受到抑制，根系老化弱小，心叶坏死，叶片黄化，缓慢死亡

图4-55 在辣椒生长期，模仿飘移或错误用药，叶面喷施5%咪唑乙烟酸水剂后的药害症状 受害后心叶枯黄、畸形、坏死，长势明显差于空白对照，以后逐渐全株枯萎死亡

图4-56　在大蒜播后芽前，喷施80％唑嘧磺草胺水分散粒剂38天后的药害症状　施药后生长缓慢，植株矮小，缓慢死亡，但完全死亡所需时间较长

图4-57　在大蒜播后芽前，模仿残留或错误用药，喷施80％唑嘧磺草胺水分散粒剂后的药害症状　出苗后生长缓慢，根系差，须根少，根短，无根毛

(六)磺酰脲类、磺酰胺类与咪唑啉酮类除草剂的安全应用原则与药害补救方法

磺酰脲类、磺酰胺类与咪唑啉酮类除草剂具有较高的选择性，每个品种均有较为明确的适用作物、施药适期和除草谱，施药时必须严格选择，施用不当会产生严重的药害、达不到理想的除草效果。

绿磺隆、甲磺隆、醚苯磺隆、苯磺隆、噻磺隆、酰嘧磺隆和唑嘧磺草胺、双氟磺草胺是防除麦田杂草的除草剂品种，小麦、大麦和黑麦等对它们具有较高的耐药性，可以用于小麦播后芽前、出苗前及出苗后。其中的苯磺隆和噻磺隆在土壤中的持效期短，一般推荐在作物出苗后至分蘖中期、杂草不超过 10 厘米高时应用。这些品种可用于麦田防除多种阔叶杂草，对部分禾本科杂草出苗有一定的抑制作用。苄嘧磺隆、吡嘧磺隆、醚磺隆和乙氧嘧磺隆是稻田除草剂，可以有效防除莎草和多种阔叶杂草。氯嘧磺隆可以用于豆田防除多种一年生阔叶杂草。烟嘧磺隆可以用于玉米田防除多种一年生和多年生禾本科杂草和一些阔叶杂草。胺苯磺隆、氟嘧磺隆可以用于油菜田防除多种阔叶杂草和部分禾本科杂草、氯嘧磺隆、噻磺隆和咪唑乙烟酸等可以用于大豆田、甲咪唑烟酸可以用于花生田除草。

空气湿度与土壤含水量是影响该类除草剂药效的重要因素，一般来说，空气湿度高、土壤含水量大时除草效果相对较好。在同等温度条件下，空气相对湿度为95%～100%时药效大幅度提高；施药后降雨会降低茎叶处理除草剂的杀草效果。对于土壤处理除草剂，施药后土壤含水量高比含水量低时的除草效果高；施药后土壤含水量比施药前含水量高时更能提高除草效果。该类除草剂在土壤中的差异性较大，一般的持效期为 4～6 周，部分品种残效期较长，在

酸性土壤的持效期相对较短，而在碱性土壤中持效期相对较长。

　　该类除草剂用量极低。此外，这类除草剂在土壤中降解比较迅速，不进行生物积累，因而它们是对环境安全的一类除草剂。该类除草剂在人工光照下稳定。在土壤中吸附作用小、淋溶性强。嗪磺隆对植物的毒性作用与土壤有机质含量负相关，而与黏粒含量无明显相关性，这说明它与土壤黏粒的亲合性低。在土壤中主要通过酸催化的水解作用及微生物降解而消失，光解与挥发是次要的过程；温度、pH、土壤湿度及有机质对水解与微生物降解均有很大影响，特别是 pH 的影响，pH 上升水解速度下降。不同地区以及不同土壤类型、降雨量及 pH 的差异，导致其降解速度不同，因而在不同土壤中的残留及持效期具有较大的差异。

　　该类除草剂的药害隐蔽性较强，前期的药害症状不易被发现，一般在中毒 5～7 天后害症状才开始出现，药害难于得到有效的补救。目前国内尚没有理想的补救剂，生产上还主要靠安全用药以预防药害的发生。在轻度药害发生时，施用芸苔素内酯、加强肥水管理可以挽回部分损失；药害严重时，应根据田间作物的药害症状、指示杂草的生长和死亡情况判别造成药害的除草剂种类和剂量，及时补种适宜作物。

第五章 二苯醚类除草剂的
药害与预防补救

一、二苯醚类除草剂的典型药害症状

二苯醚类除草剂的作用靶标主要是植物体内的原卟啉原氧化酶。由于原卟啉原氧化酶受抑制，造成原卟啉原Ⅸ积累，在光和分子氧存在的条件下，原卟啉原Ⅸ产生单态氧，使脂膜过氧化，最终造成细胞死亡。二苯醚除草剂对植物主要起触杀作用，受害植物产生坏死褐斑，特别是对幼龄分生组织的毒害作用较大。具体药害症状表现在以下几个方面：

1．二苯醚类除草剂中芽前施用的除草剂种类，芽接触药剂时才产生触杀效果，植物在萌芽过程中，幼芽通过药土层时吸收药剂并接触日光后死亡。这类除草剂的选择性是靠位差和生化选择性，因而播种过浅、积水时，均易发生药害。

2．二苯醚类除草剂中茎叶处理的除草剂种类，在药剂接触到叶片时起触杀作用，其选择性主要是由于目标作物可以代谢分解这类除草剂。因而在温度过高、过低时，作物的代谢能力受到影响，作物的耐药能力也随之降低，易于发生药害。

3．药害速度迅速，芽前施用的除草剂在作的物出苗后会出现药害；茎叶喷施除草剂施药后几个小时就出现药害症状。

4．药害症状初为水浸状、后呈现褐色坏死斑、而后叶片出现红褐色坏死斑，逐渐连片后死亡，典型药害症状见图5-1和图5-2。

图5-1　乙氧氟草醚对花生的药害症状

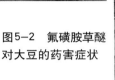

图5-2　氟磺胺草醚对大豆的药害症状

5.未伤生长点的植物，经几周后会恢复生长，但长势受到不同程度的抑制。

二、各类作物的药害症状与药害预防补救

(一)小麦药害症状与药害预防补救

二苯醚类除草剂，大多数品种不能用于麦田，生产中由于误用、或上茬施药太晚的残留药剂；有时，如蒜田等作物田施用该类除草剂飘移到小麦，导致小麦发生药害。药害症状见图5-3至图5-5。

图5-3　在小麦播后芽前，模仿残留或错误用药，喷施25%氟磺胺草醚水剂20毫升／667米² 的药害症状　受害小麦苗后叶片卷缩、扭曲、枯黄，逐渐死亡

图5-4 在小麦生长期，叶面喷施10％乙羧氟草醚乳油4天后的药害症状 受害小麦叶片斑点状黄化，重者叶片坏死，多数可以复发

图5-5 在小麦生长期，叶面喷施10％乙羧氟草醚乳油20毫升／667米²的药害恢复过程 小麦叶片有黄化斑点，以后不断发出新叶，长势逐渐恢复

（二）水稻药害症状与药害预防补救

二苯醚类除草剂中乙氧氟草醚为稻田除草剂，但对水稻的安全性相对较差，秧田施用、移栽后施药过多、茎叶喷施均易于发生药害。药害症状见图5-6至图5-8。

图5-6 在水稻催芽播种后，秧畦喷施24％乙氧氟草醚乳油的药害症状 受害水稻叶片卷缩，不能正常伸开生长，茎叶有黄褐色斑，部分叶片枯死

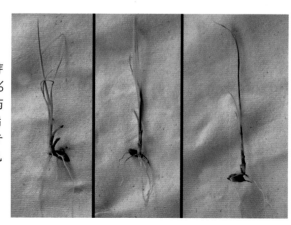

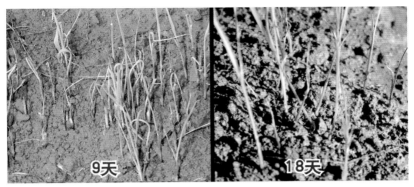

图5-7　在水稻催芽播种后，秧畦喷施24%乙氧氟草醚乳油20毫升／667米²的药害症状　受害水稻部分出苗，水稻出苗后叶尖即干枯，以后随着生长发出的叶片卷缩，茎基部黄褐色，叶部有黄褐色斑块

图5-8　在水稻移栽返青后，叶面喷施24%乙氧氟草醚乳油20毫升／667米² 15天后的药害症状　受害较重时，水稻叶片黄化、枯死，以后随着生长会发出新叶

（三）玉米药害症状与药害预防补救

二苯醚类除草剂中乙氧氟草醚可以用于玉米田，但对玉米的安全性相对较差，生产中不宜直接使用。其他品种由于误用、飘移，易于对玉米发生药害。药害症状见图5-9至图5-11。

图5-9　在玉米播后芽前，不良环境或过量喷施乙氧氟草醚后的药害症状　受害玉米茎叶扭曲、卷缩、畸形，叶片黄褐色，茎叶上有黄褐色枯死斑，根系发育受阻，根短、根毛少，根尖褐色呈棒状

除草剂 药害的预防与补救

图5—10　在玉米生长期，模仿飘移或错误用药，叶面喷施10%乙羧氟草醚乳油20毫升／667米²的药害表现过程　受害玉米茎叶出现失绿、黄化斑点，茎叶出现黄褐色斑，叶尖和叶缘枯死，药害轻时以后会不断发出新叶，一般剂量下不至于完全死亡

图5—11　在玉米生长期模仿飘移或错误用药，叶面喷施24%乙氧氟草醚乳油20毫升／667米²的药害表现过程　药后叶片如水浸状、失绿、暗褐色，以后茎叶斑点性枯死。药害轻时，会不断发出新叶，玉米生长缓慢

（四）花生药害症状与药害预防补救

二苯醚类除草剂是花生田重要除草剂，多个品种可以用于花生田除草，乙氧氟草醚可以在花生播后芽前施用；乳氟禾草灵、三氟羧草醚、乙羧氟草醚等可以用于花生生长期除草。这些品种对花生

安全性较差，生产中易于发生药害；但这类除草剂的药害是暂时的，一般并不影响花生的产量，7～10天后开始恢复。药害症状见图5-12至图5-14。

图5-12 在花生播后芽前，遇高湿条件喷施24%乙氧氟草醚乳油的药害症状 花生苗后出现药害斑点，对生长基本没有影响；高剂量下大量叶片枯死，但未死心叶还可以复发

图5-13 在花生生长期，叶面喷施10%乙羧氟草醚乳油40毫升/667米²的药害恢复过程 施药后1天叶片失绿、出现浅黄色斑，以后叶片黄化，并出现黄褐色斑，部分叶片坏死，然后又不断长出新叶，恢复生长

图5-14 在花生生长期，叶面喷施10%乙羧氟草醚乳油的药害症状比较 药后短时间内叶片黄化、出现黄褐色斑点，低剂量斑点较小，高剂量下斑点较大，部分叶片枯死，但随着生长又会发出新叶，生长受到短暂抑制

（五）大豆药害症状与药害预防补救

二苯醚类除草剂是大豆田重要除草剂，多个品种可以用于大豆田，如乙氧氟草醚可以在大豆播后芽前施用；乳氟禾草灵、氟磺胺草醚、三氟羧草醚、乙羧氟草醚可以用于大豆生长期除草。该类除草剂品种对大豆安全性较差，生产上易于发生药害；但这类除草剂的药害是触杀性、暂时性的斑点药害，一般并不影响大豆的产量，施药后7~10天后开始恢复生长。药害症状见图5-15至图5-18。

图5-15 在大豆播后芽前，喷施24%乙氧氟草醚乳油60毫升/667米²后的药害表现过程 大豆苗后心叶畸形，叶片上有黄褐斑。但随着生长大豆又会逐渐发出新叶，生长逐渐恢复

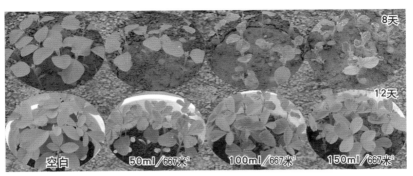

图5—16　在大豆播后芽前，喷施24％乙氧氟草醚乳油的药害症状　大豆出苗稀疏，心叶畸形，叶片上有黄褐斑。随着生长大豆会有较大恢复，但较空白对照相对矮小。药害较轻时，对大豆影响不大

图5—17　在大豆生长期，光照较强时叶面喷施24％三氟羧草醚水剂200毫升／667米²的药害症状表现过程　施药后8小时大豆叶片上即出现失绿、黄化，1～2天叶面出现大片黄斑，以后随着新叶发出，生长逐渐恢复

图5—18　在大豆生长期，喷施10％乙羧氟草醚乳油50毫升／667米²的药害表现过程　施药后1～2天大豆叶片上即出现失绿、黄化，出现大片黄斑，以后随着新叶发出，生长逐渐恢复

（六）棉花药害症状与药害预防补救

二苯醚类除草剂中乙氧氟草醚可以用于棉田除草，但对棉花的

 **除草剂** 药害的预防与补救

安全性相对较差，生产中不宜施用量过大；乳氟禾草灵、氟磺胺草醚、三氟羧草醚、乙羧氟草醚在棉花行间定向施用时由于飘移、误用，生产中易于发生药害；但这类除草剂的药害是触杀性、暂时性的斑点药害，一般并不至于绝收。药害症状见图5-19和图5-20。

空白　　　　　　处理

图5-19　在棉花播后芽前，遇高湿条件过量喷施24％乙氧氟草醚乳油的药害症状　受害棉花出苗后真叶出现褐斑，叶片皱缩，少数叶片枯死。药害轻时，以后不断发出新叶而恢复生长；药害严重时，叶片枯死，新叶不能发出

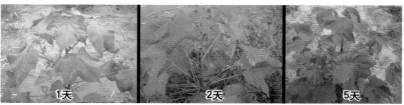

1天　　　　　2天　　　　　5天

图5-20　在棉花生长期，模仿飘移或错误用药，叶面喷施24％三氟羧草醚水剂20毫升／667米²的药害表现过程　叶片失绿，出现点状浅黄色斑，以后会逐渐恢复生长，对棉花生长影响不大

（七）其他作物药害症状与药害预防补救

二苯醚类除草剂中乙氧氟草醚可以用于大蒜等多种蔬菜和农作物田播后芽前除草，施用不当会产生严重的药害，部分药害可以逐渐得以恢复，而很多药害可能会造成作物死亡；至于其他茎叶施用的除草剂，在生产中由于误用、飘移、残留会产生药害现象。药害症状见图5-21至图5-26。

图5-21　辣椒播后芽前，喷施24%乙氧氟草醚乳油的药害症状表现过程　特别是遇高温高湿条件时，辣椒苗后真叶出现褐斑、皱缩，部分叶片枯死，高剂量下生长可能受到严重抑制

图5-22　在黄瓜播后芽前，喷施24%乙氧氟草醚乳油20毫升/667米²的药害症状和恢复过程　黄瓜能够出苗，土壤较旱时药害较轻，土壤湿度大时苗后真叶出现褐斑，部分叶片枯死，但以后会逐渐恢复生长，对黄瓜整体生长没有影响

除草剂 药害的预防与补救

| 空白 | 4天 | 8天 | 20天 |

图5-23　在大蒜生长期，喷施24%乙氧氟草醚乳油40毫升／667米²的药害表现过程　施药后出现枯死白斑，重者部分叶片枯死，而未受药的叶片和心叶慢慢恢复生长

10天

24天

| 空白 | 20ml/667米² | 40ml/667米² | 60ml/667米² |

图5-24　在芹菜播后芽前，喷施24%乙氧氟草醚乳油的药害与长势比较　芹菜苗后叶片出现枯死白斑，生长受到抑制，高剂量下部分叶片枯黄、死亡

图5-25　在大蒜播后芽前，遇高湿或降雨条件时喷施24%乙氧氟草醚乳油60毫升／667米²的药害症状　大蒜苗后叶片出现枯死白斑，生长受到暂时抑制，一般不影响新叶的发生和生长

图5-26　在大蒜播后芽前，模仿前茬残留或错误用药，喷施25％氟磺胺草醚水剂40毫升／667米² 9天、25天后的药害症状　大蒜出苗缓慢，苗后叶片黄化、畸形卷缩，生长受到严重抑制，以后大蒜叶片变白枯死

（八）二苯醚类除草剂的安全应用原则与药害补救方法

　　二苯醚类除草剂具有较高的选择性，每个品种均有较为明确的适用作物、施药适期和除草谱，施药时必须严格选择，施用不当会产生严重的药害、达不到理想的除草效果。

　　大多数二苯醚类除草剂品种在植物体内传导性差，主要起触杀作用。该药易对作物发生药害，施药后可能会出现褐色斑点，施药时务必严格掌握用药量，施药时喷施均匀，最好在施药前先试验后推广。大豆3片复叶以后，叶片遮盖杂草，在此时喷药会影响除草效果，同时，作物叶片接触药剂多，抗药性减弱，会加重药害。大豆、花生如果生长在不良环境中，如干旱、水淹、肥料过多、寒流、霜害、土壤含盐过多、大豆苗已遭病虫为害以及雨前，不宜施用此药。施用此药后48小时会引起大豆幼苗灼伤、呈黄色或黄褐色焦枯状斑点，几天后可以恢复正常，田间未发现有死亡植株。勿用超低容量喷雾。最高气温低于21℃或土温低于15℃，均不应施用。

 **药害的预防与补救**

　　土壤特性直接影响药剂效果，土壤黏重、有机质含量高，则单位面积用药量宜加大；反之，沙土及沙壤土用药量宜低；我国南方地区，气温高、湿度大，单位面积用药量比北方地区低。温度既影响杂草萌发，又影响药剂的生物活性，日光充足，气温与土温高，杂草萌芽快，所以水稻插秧后应提早施药，否则施药应晚些。水层管理对二苯醚除草剂稻田应用品种防治稻田杂草的效果影响极大，施药后水层保持时间愈长，药效愈稳定；通常在施药后，应保持4～6厘米水层5～7天。

第六章　脲类除草剂的药害与预防补救

一、脲类除草剂的典型药害症状

脲类除草剂是典型的光合作用抑制剂，它不抑制种子的发芽与出苗，通常对根系的发育也不产生直接的影响，在植物出苗后见光的条件下才产生药害，药害典型症状是叶片失绿、坏死与干枯，这些症状最先出现于叶缘和叶尖；从叶片结构来说，叶脉及其邻近组织失绿、变黄，而后向叶肉组织扩展，最后全叶死亡、脱落。具体药害症状表现在以下几个方面：

1.脲类除草剂对植物的药害症状首先表现在叶尖和叶缘，而后向叶内其他部位扩展。

2.植物受害后叶片发黄，一般上部嫩叶首先受害，而后其他叶片枯黄死亡。

3.植物受害后症状表现速度一般，在作物芽前施药的在真叶出来后，真叶即开始受害表现症状，几天内即行死亡；茎叶喷施时，5～7天开始出现症状，10天以后全株死亡。

脲类除草剂的典型药害症状见图6-1至图6-3。

图6-1　异丙隆对玉米的药害症状

图6-2 异丙隆对
小麦的药害症状

空白　　　　处理

图6-3　绿麦隆对棉花的药害症状

二、各类作物的药害症状与药害预防补救

(一)小麦药害症状与药害预防补救

脲类除草剂，生产中常用的品种有绿麦隆、异丙隆等，是小麦田重要除草剂，对小麦安全，但用药量过大或生长期不良条件下施用，可能会发生药害。药害症状见图6-4至图6-6。

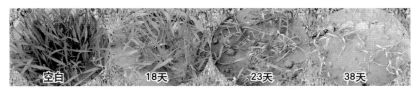

图 6-4　在小麦播后芽前，过量施用 50％异丙隆可湿性粉剂 150 克／667 米²
对小麦的药害表现过程　小麦基本出苗，苗后小麦叶片发黄，从叶尖和叶缘
开始枯黄。一般情况下，生长受到暂时抑制，但多数可以恢复生长，重者
可致死亡

图 6-5　在小麦播后芽前，过量施用 25％绿麦隆可湿性粉剂 400 克／667 米²
对小麦的药害症状　小麦基本出苗，苗后小麦叶片发黄，从叶尖和叶缘开始
枯黄，小麦生长可能受到一定程度的抑制

图 6-6　在小麦幼苗期，
麦苗较弱情况下过量喷
洒 50％异丙隆可湿性粉
剂 100 克／667 米²对小
麦的药害症状　受害后
小麦叶片发黄，部分叶
片从叶尖和叶缘开始枯
死

（二）水稻药害症状与药害预防补救

　　脲类除草剂，敌草隆和莎扑隆可以用于稻田除草，但是生产
中经常出现绿麦隆、异丙隆误用于稻田；另外，绿麦隆的持效期较

长，前茬用药量过大或施用过晚，可能会发生药害。药害症状见图 6-7 和图 6-8。

图 6-7　在水稻移栽返青后，叶面喷洒 50% 异丙隆可湿性粉剂 6 天对水稻的药害症状　水稻叶片发黄，从叶尖和叶缘开始枯死

图 6-8　在水稻移栽返青后，叶面喷洒 25% 绿麦隆可湿性粉剂 6 天对水稻的药害症状　水稻叶片发黄，从叶尖和叶缘开始逐渐枯死

（三）玉米药害症状与药害预防补救

脲类除草剂中的绿麦隆、异丙隆，可以用于玉米田防治多种杂草，但用药量过大或生长期施用，易于发生药害。药害症状见图 6-9 和图 6-10。

图6-9 在玉米播后芽前，过量喷施50%异丙隆可湿性粉剂18天后的药害症状 叶片黄化，部分叶片边缘枯黄，重者叶片枯死，低剂量下生长受到抑制

图6-10 在玉米生长期，叶面喷施50%异丙隆可湿性粉剂100克／667米² 8天后的药害症状 叶片黄化，部分叶片边缘枯焦

(四)花生药害症状与药害预防补救

有资料报导绿麦隆、异丙隆可以用于花生田防治多种杂草，但据试验这些品种对花生的安全性较差，用药量过大或生长期施用，可能会发生严重药害。药害症状见图6-11至图6-13。

图6-11 在花生生长期，叶面喷施25%绿麦隆可湿性粉剂不同剂量10天后的药害症状 受害花生叶片黄化，叶面出现褪色斑

图6-12　在花生播后芽前，喷施50％异丙隆可湿性粉剂100克／667米²的典型药害症状　花生出苗后叶片黄化，部分叶片边缘枯焦，重者枯死

图6-13　在花生播后芽前，过量喷施50％异丙隆可湿性粉剂的药害症状　受害花生正常出苗，苗后叶片黄化，部分叶片边缘枯焦，重者出现叶片枯死

（五）大豆药害症状与药害预防补救

有报导介绍绿麦隆、异丙隆可以用于大豆田防治多种杂草，但据试验这些品种对大豆的安全性很差，易于发生药害。药害症状见图6-14至图6-16。

图6-14　在大豆播后芽前，过量喷施25％绿麦隆可湿性粉剂的药害症状　正常出苗，苗后叶片黄化，重者枯死

图6-15 在大豆生长期，叶面喷施25%绿麦隆可湿性粉剂的药害症状 受害叶片枯黄、死亡

图6-16 在大豆生长期，叶面喷施50%异丙隆可湿性粉剂的药害症状 受害大豆叶片黄化，从叶片边缘开始逐渐枯死

(六)棉花药害症状与药害预防补救

有报导介绍绿麦隆、异丙隆可以用于棉花田防治多种杂草，但据试验这些品种对棉花的安全性很差，易于发生药害。药害症状见图6-17至图6-19。

图6-17 在棉花生长期，叶面喷施50%异丙隆可湿性粉剂的药害症状 叶片黄化，叶片边缘枯黄、枯死

图6-18　在棉花播后芽前，喷施50％异丙隆可湿性粉剂9天后的药害症状
正常出苗，苗后叶片黄化，重者出现叶片枯死，各处理的长势均受到显著

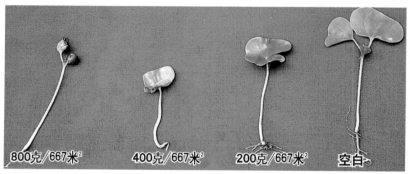

图6-19　在棉花播后芽前，喷施25％绿麦隆可湿性粉剂9天后的药害症状
受害棉花正常出苗，苗后叶片黄化，部分叶片边缘枯焦，各种处理的长势
均受到显著抑制，重者出现叶片枯死

（七）其他作物药害症状与药害预防补救

　　脲类除草剂可以用于多种作物防治一年生禾本科杂草和阔叶杂
草，但这类品种安全性较差、也有一些品种残效期较长，生产中由
于误用、残留、飘移等原因，易于对作物发生药害。药害症状见图
6-20至图6-22。

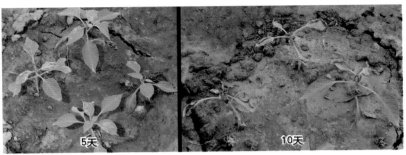

图 6-20　在辣椒生长期，叶面喷施 25％绿麦隆可湿性粉剂 400 克／667 米²的药害症状　　受害叶片黄化，心叶枯死，全株逐渐死亡

图 6-21　在白菜生长期，叶面喷施 25％绿麦隆可湿性粉剂 400 克／667 米²的药害症状　　叶片黄化，部分叶片边缘枯焦，重者逐渐枯死

图 6-22　在甘薯生长期，叶面喷施 50％异丙隆可湿性粉剂 150 克／667 米²10天后的药害症状　　受害叶片黄化并且出现大量黄褐斑，以后逐渐死亡

（八）脲类除草剂的安全应用原则与药害补救方法

脲类除草剂都是土壤处理剂，它们的药效及残效期长短与土壤特性有密切关系。吸附作用与含水量是影响脲类除草剂活性的重要因素。由于脲类除草剂具弱酸性，故其吸附作用主要是在有机质上通过偶极－阴离子与偶极－偶极体的相互作用来进行的，因而单位面积用药量应根据土壤有机质含量而增减。

温度与土壤含水量是影响脲类除草剂的另一个重要因素。由于大多数脲类除草剂品种的水溶度低，故在干旱条件下药效不易发挥，通常苗前土壤处理时，于施药后2～3周内需有12～25毫米的降水才能保证其活性充分发挥；在干旱条件下浅拌土是必要的。适当的高温也有助于提高脲类除草剂的效应。我国北方由于春旱、低温，脲类除草剂的除草效果远不如南方地区好。

绿麦隆性质稳定，药效期长，一般一季麦作只宜用一次，且用量不能超过4500克／公顷，否则对麦苗有药害。低温不利于药效的发挥，且易发生药害，个别叶尖枯黄。在麦稻轮作区使用绿麦隆对后茬水稻有抑制作用。异丙隆施药后遇霜冻，作物生长可能暂时受抑制；作物生长不良或受冻，砂性重或排水不良地块不能施用。

第七章　苯氧羧酸、苯甲酸和吡啶羧酸类除草剂的药害与预防补救

一、苯氧羧酸、苯甲酸和吡啶羧酸类除草剂的典型药害症状

苯氧羧酸类、苯甲酸类和吡啶羧酸类除草剂系激素型除草剂，它们诱导作物致畸，不论是根、茎、叶、花及穗均产生明显的畸型现象，并长久不能恢复正常。药害症状持续时间较长，而且生育初期所受的影响，直到作物抽穗后仍能显现出来。具体药害症状表现在以下几个方面：

1．禾本科作物受害表现幼苗矮化与畸形。禾本科植物形成葱状叶，花序弯曲、难抽出，出现双穗、小穗对生、重生、轮生、花不稔等。茎叶喷洒，特别是炎热天喷洒时，会使叶片变窄而皱缩，心叶呈马鞭状或葱状，茎变扁而脆弱，易于折断，抽穗难，主根短，生育受抑制，症状见图 7-1 至图 7-3。

图 7-1　2,4- 滴丁酸对小麦的药害症状

处理　空白

 **药害的预防与补救**

图7-2　2甲4氯钠盐对玉米幼苗的药害症状

图7-3　2甲4氯钠盐对玉米气生根的药害症状

2.双子叶植物叶脉近于平行，复叶中的小叶愈合；叶片沿叶缘愈合成筒状或类杯状，萼片、花瓣、雄蕊、雌蕊数增多或减少，形状异常。顶芽与侧芽生长严重受抑制，叶缘与叶尖坏死，症状见图7-4。

3.受害植物的根、茎发生肿胀。可以诱导组织内细胞分裂而导致茎部分地方加粗、肿胀，甚至茎部出现胀裂、畸型，症状见图7-3。

4.花果生长受阻。受药害时花不能正常发育，花推迟、畸型变小；果实畸型、不能正常出穗或发育不完整。

5.植株萎黄。受害植物不能正常生长，敏感组织出现萎黄、生长发育缓慢。

图7-4　2,4-滴丁酯对棉花的药害症状

二、各类作物的药害症状与药害预防补救

(一)小麦药害症状与药害预防补救

苯氧羧酸类、苯甲酸类和吡啶羧酸类除草剂，生产中常用的品种有2，4-滴丁酯、2甲4氯钠盐、麦草畏、氯氟吡氧乙酸等，可以用于多种禾本科作物，是小麦田重要除草剂，但生产上施药过早(小麦1~4叶期)、过晚(小麦拔节后)、低温(小于10℃)、用药量过大，易于发生药害。药害症状见图7-5至图7-12。

200ml/667米²

图 7-5　在小麦 3 叶期，过早过量喷施 20%2 甲 4 氯钠盐水剂 11 天后的田间药害症状　受害小麦叶片发黄，茎叶扭曲、畸形、倒伏

1天　　　　5天　　　　10天

图 7-6　20% 氯氟吡氧乙酸乳油 50 毫升 /667 米² 防治播娘蒿的中毒死亡过程　施药 1 天后播娘蒿即表现出中毒症状，茎叶扭曲，以后茎叶扭曲加重、枯萎、死亡

图 7-7　在小麦拔节期，过晚喷施 72% 2,4- 滴丁酯乳油 50 毫升 /667 米² 8 天后的药害症状　受害小麦倒伏，茎叶卷缩、扭曲，从田间外表可以明显看出麦丛松散、倾斜，以后药害会逐渐加重

图7-8 在小麦拔节期，过晚喷施48%麦草畏水剂25毫升／667米²田间典型药害症状 受害小麦倒伏，茎叶卷缩、扭曲，从田间外表可以明显看出麦丛松散、倾斜，叶色暗绿、无光泽，以后药害会逐渐加重

图7-9 在小麦4叶前施药过早或拔节期施药过晚，喷施72%2,4-滴丁酯乳油50毫升／667米²药害较为严重时药害症状 小麦受害后药害并不立即表现，有时苗期施药到很晚时才表现出来。受害小麦叶色发暗，茎叶扭曲畸形，麦穗不能正常抽出

图7-10 在小麦开始拔节期，过晚喷施72%2,4-滴丁酯乳油50毫升／667米²对麦穗的药害症状 药害较轻的小麦，可以抽穗，但小麦穗的发育受抑制，小麦株矮、穗小、子少、子秕

除草剂 药害的预防与补救

图 7—11　在小麦 4 叶前施药过早或拔节期施药过晚，喷施 20％2 甲 4 氯钠盐水剂 200 毫升／667 米² 田间药害症状　小麦受害较轻时，小麦仍能抽穗，但抽穗后出现畸形，麦穗扭曲，产量降低

图 7—12　在小麦 4 叶前施药过早或拔节期施药过晚，喷施 72％2,4 - 滴丁酯乳油 50 毫升／667 米² 田间药害症状　小麦受害较轻时，小麦仍能抽穗，但抽穗后出现畸形，叶色暗绿，生长受到不同程度的抑制

（二）水稻药害症状与药害预防补救

　　苯氧羧酸类、苯甲酸类和吡啶羧酸类除草剂，可用于稻田防治阔叶杂草和莎草科杂草，但用药过晚（水稻拔节后）、药量过大，易于发生药害。水稻有些药害不能从症状表现出来，到成熟时，水稻不能正常灌浆，严重时造成减产或绝收。药害症状见图 7—13 至图7—15。

图7-13 在小麦2叶期，过早喷施72%2,4-滴丁酯乳油11天后田间的药害症状 受害小麦茎叶扭曲、发育畸形

图7-14 在水稻生长期，叶面喷施2甲4氯钠盐后的药害症状 水稻移栽后未充分返活、施药过量或不匀时，可导致水稻不同程度的药害。受害水稻叶片黄化、部分叶片枯死，长势受到一定的影响

图7-15 在水稻生长期，叶面喷施20%2甲4氯钠盐水剂后药害症状 受害水稻叶片黄化，部分叶片枯死，长势受到一定的影响

（三）玉米药害症状与药害预防补救

苯氧羧酸类、苯甲酸类和吡啶羧酸类除草剂，可以用于玉米田防治阔叶杂草和香附子，但用药过早（玉米1～4叶期，天气高温干旱）、过晚（玉米大喇叭口期、玉米气生根发生时），易于发生药害。药害症状见图7-16至图7-28。

图7-16　在玉米3叶期，过早喷施72%2,4-滴丁酯乳油50毫升/667米²后的药害症状　受害玉米茎叶扭曲、倒伏

图7-17　在小麦3叶期，过早过量喷施20%2甲4氯钠盐水剂11天后的田间药害症状　受害小麦叶片发黄，茎叶扭曲、畸形、倒伏

图7-18　在玉米2叶期，过早喷施72%2,4-滴丁酯乳油50毫升/667米²的药害症状　受害玉米叶片黄化，个别叶片出现黄斑，茎叶扭曲、倒伏

图7-19　在玉米2叶期，喷施20%2甲4氯钠盐水剂后15天的药害症状　受害玉米叶片生长受到抑制，根系发育较差，根系须根减少，茎基部扭曲

图7-20　在玉米2叶期，过早喷施20%2甲4氯钠盐水剂200毫升／667米² 21天后的药害症状　受害玉米叶片出现黄化，根系发育受到抑制，根系须根减少

图7-21　在玉米2叶期，过早喷施48%麦草畏水剂后的药害症状　受害玉米叶片生长受到抑制，根系发育较差，根系须根减少，茎基部扭曲

除草剂 药害的预防与补救

空白　　　　处理

图7-22　在小麦2叶期，过早过量喷施48％麦草畏水剂50毫升／667米²的田间药害症状　受害小麦茎叶扭曲、卷缩、畸形、倒伏，分蘖减少

图7-23　在玉米4叶期，天气高温干旱，喷施72％2,4-滴丁酯乳油50毫升／667米² 3天后的药害症状　受害玉米叶片发黄，心叶出现黄斑

图7-24　在玉米苗期，施药时温度过高、降雨后田间湿度较大时，喷施2甲4氯钠盐后药害症状　受害玉米叶色暗绿，茎叶扭曲成鞭状，生长受到一定程度的抑制，一般受害较轻者可以恢复

图7-25　在玉米苗期，施药时温度过高、降雨后田间湿度较大时，喷施2,4-滴丁酯后药害症状　受害玉米茎叶扭曲成鞭状，心叶卷缩，严重地抑制玉米的生长

图7-26　在小麦2叶期，过早过量喷施48%麦草畏水剂50毫升/667米² 的典型药害症状　受害小麦茎叶扭曲、卷缩、畸形、倒伏，分蘖减少

图7-27　在小麦拔节期，过晚喷施72%2,4-滴丁酯乳油50毫升/667米²8 天后的药害症状受害小麦倒伏，茎叶卷缩、扭曲，从田间外表可以明显看出麦丛松散、倾斜，以后药害会逐渐加重

除草剂 药害的预防与补救

图 7-28　在玉米大喇叭口期、气生根开始发生前期，过晚喷施 48％ 麦草畏水剂 20 毫升／667 米² 药害症状　玉米气生根发育畸形，根系弱小、生长不良，茎明显变细、生长矮缩

（四）其他作物药害症状与药害预防补救

　　苯氧羧酸类、苯甲酸类和吡啶羧酸类除草剂，对阔叶作物易于发生药害，很低剂量的误用或飘移都可能产生较大的药害，药害虽然死亡缓慢，但是对农作物的产量损失严重。药害症状见图 7-29 至图 7-37。

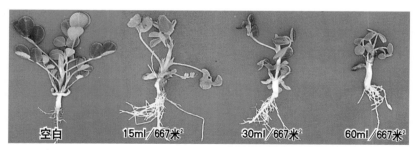

图 7-29　在花生生长期，模仿飘移或错误用药，低量喷施 72％2,4-滴丁酯乳油 5 天后的药害症状　受害花生茎叶畸形扭曲，心叶出现褐枯，叶片开始枯死

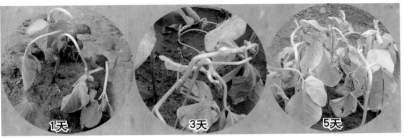

图 7-30 在大豆生长期，模仿飘移低量喷施 72％2,4- 滴丁酯乳油 50 毫升／667 米² 的药害表现过程 施药后 1～2 天大豆茎叶即开始扭曲，第 3 天后受害大豆茎叶严重扭曲，心叶皱缩成杯状，部分叶片枯黄

图 7-31 在棉花生长期，模仿飘移，在距棉花一定距离处喷施 72％ 2,4- 滴丁酯乳油 20 毫升／667 米² 药害症状 茎叶扭曲，心叶畸形卷缩、嫩茎叶扭曲

图 7-32 在棉花生长期，模仿飘移，喷施 72％ 2,4- 滴丁酯乳油 20 毫升／667 米² 棉的药害症状 棉花的花和花蕾受害后，扭曲卷缩，发育受阻

图7-33 在棉花生长期，错误喷施20％2甲4氯钠盐水剂100毫升／667米²的棉花根部的药害症状 受害棉花根部畸形，膨胀，须根少

图7-34 在芸豆生长期，高温高湿条件下，2,4-滴丁酯飘移造成的药害症状 受害芸豆茎叶扭曲畸形，生长受到抑制

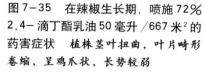

图7-35 在辣椒生长期，喷施72％2,4-滴丁酯乳油50毫升／667米²的药害症状 植株茎叶扭曲，叶片畸形卷缩，呈鸡爪状，长势较弱

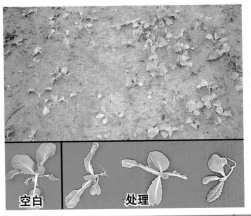

图7-36 在白菜生长期，在一定距离处喷施72% 2,4-滴丁酯乳油50毫升/667米²的药害症状 施药2天后心叶开始扭曲，以后心叶严重扭曲，新生叶片卷缩、皱缩，生长受到严重抑制。上部为田间表现

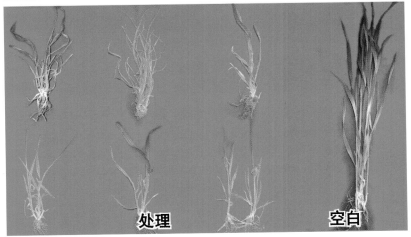

图7-37 在小麦4叶前施药过早或拔节期施药过晚，喷施72% 2,4-滴丁酯乳油50毫升/667米²药害较为严重时药害症状 小麦受害后药害并不立即表现，有时苗期施药到很晚时才表现出来。受害小麦叶色发暗，茎叶扭曲畸形，麦穗不能正常抽出

　　（五）苯氧羧酸类、苯甲酸类和吡啶羧酸类除草剂的安全应用原则与药害补救方法

　　苯氧羧酸类和苯甲酸类除草剂主要应用于禾本科作物，特别广泛用于麦田、稻田、玉米田除草。高粱、谷子抗性稍差。

寒冷地区水稻对2，4－滴的抗性较低，特别是在喷药后遇到低温时，而应用2甲4氯的安全性较高。

小麦不同品种以及同一品种的不同生育期对该类除草剂的敏感性不同，在小麦生育初期、即2叶期(穗分化的第二与第三阶段)对除草剂很敏感，此期用药，生长停滞、干物质积累下降、药剂进入分蘖节并积累，抑制第一和第二层次生根的生长，穗原始体遭到破坏；在穗分化第三期用药，则小穗原基衰退；但在穗分化的第四与第五期，即分蘖盛期至孕穗初期植株抗性最强，这是使用除草剂的安全期。研究证明，禾谷类作物在5～6叶期由于缺乏传导作用，故对苯氧乙酸类除草剂的抗性最强。

环境条件对药效和安全性的影响较大。高温与强光促进植物对2，4－滴等苯氧乙酸类除草剂的吸收及其在体内的传导，故有利于药效的发挥，因此，应选择晴天、高温时施药。空气湿度大时，药剂液滴在叶表面不易干燥，同时气孔开放程度也大，有利于药剂吸收，而喷药时，土壤含水量高，有利于药剂在植物体内传导。

苯氧羧酸类除草剂酸根解离程度的下降能提高其进入植物的速度和植物的敏感度，当溶液pH从10下降至2的范围内，进入叶片的2，4－滴数量增多，当pH低于2时，叶片表面迅速受害。由于2，4－滴等除草剂的解离程度决定于溶液pH，在酸性介质中其解离程度差，多以分子状态进入植物体内，所以在配制2，4－滴溶液时，加入适量的酸性物质如硫酸铵、过硫酸钙等，即可以显著提高除草效果。当用井水等天然碱性水配制除草剂溶液时，加入少量磷酸二氢铵或磷酸二氢钾可使pH下降，而且除草剂本身稳定。

第八章　芳氧基苯氧基丙酸类与环己烯酮类除草剂的药害与预防补救

一、芳氧基苯氧基丙酸类与环己烯酮类除草剂的典型药害症状

　　芳氧基苯氧基丙酸类与环己烯酮类除草剂的主要作用机制是抑制乙酰辅酶 A 羧化酶，从而干扰脂肪酸的生物合成，影响植物的正常生长。它的主要作用部位是植物的分生组织，一般于施药后48小时即开始出现药害症状，生长停止、心叶和其他部位叶片变紫、变黄，茎节点坏死、枯萎死亡。具体药害症状表现在以下几个方面：

　　1. 受药后植物迅速停止生长，幼嫩组织的分裂组织停止生长，而植物全部死亡所需时间较长。

　　2. 植物受害后的第一症状状是叶色萎黄，特别是嫩叶最早开始萎黄，而后逐渐坏死。药害症状见图 8-1 和图 8-2。

图 8-1　精噁唑禾草灵对小麦的药害症状

**药害的预防与补救**

图8-2　精喹禾灵对玉米的药害症状

3.最明显的症状是叶片基部坏死、茎节坏死，导致叶片萎黄死亡。药害症状见图8-3和图8-4。

4.受害禾本科植物叶片卷缩、叶色发紫，而后枯死。药害症状见图8-2和图8-4。

图8-3　稀禾啶对玉米的药害症状

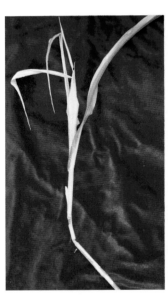

图8-4　精吡氟氯禾灵对玉米茎节部位的药害症状

二、各类作物的药害症状与药害预防补救

（一）小麦药害症状与药害预防补救

芳氧基苯氧基丙酸类与环己烯酮类除草剂生产上有较多的品种，其中恶唑禾草灵（加入安全剂）、禾草灵可以用于麦田防治多种禾本科杂草，对小麦相对安全，但药量过大或国产的部分厂家由于安全剂加入量不够也会发生药害；其他品种在生产中由于误用或飘移，也会发生药害。药害症状见图8-5至图8-7。

图8-5　在小麦生长期，过量喷施6.9%精恶唑禾草灵悬乳剂（加入安全剂）后的药害表现过程　受害小麦叶片黄化，叶片中部和基部出现黄斑，以后全株显示黄化，多数以后可恢复生长

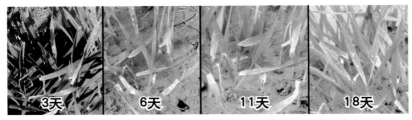

图8-6　在小麦生长期，错误用药，叶面喷施15%精吡氟禾草灵乳油50毫升／667米² 后的药害表现过程　受害小麦叶片黄化，叶片中部、基部出现黄斑，以后茎节和叶片基部坏死，小麦逐渐死亡

图8-7　在小麦生长期，过量喷施6.9%精恶唑禾草灵悬乳剂（加入安全剂）15天后的药害症状　受害小麦叶片黄化，生长受到一定程度的抑制，但一般情况下对生长影响不大

100ml/667米²　　空白

（二）水稻药害症状与药害预防补救

芳氧基苯氧基丙酸类与环己烯酮类除草剂有较多的品种，其中氰氟草酯可以用于稻田防治稗草及多种禾本科杂草，对水稻相对安全，但药量过大也会发生药害；其他品种在生产中由于误用或飘移，也会发生药害。药害症状见图8-8至图8-10。

空白　　50ml/667米²　　75ml/667米²

图8-8　在水稻移栽返青后，错误用药，叶面过量喷施6.9%精恶唑禾草灵悬乳剂（加入安全剂）15天后的药害症状　受害水稻叶片黄化并出现黄褐斑，部分叶片枯死，水稻长势受到明显抑制

图8-9　在水稻移栽返青后，错误用药，叶面过量喷施6.9%精恶唑禾草灵悬乳剂(加入安全剂)21天后的药害症状　受害水稻叶片黄化并出现黄褐斑，部分叶片枯死，水稻长势受到明显抑制

图8-10　在水稻移栽返青后，错误用药，叶面过量喷施10%精喹禾灵乳油9天后的药害症状　受害水稻叶片黄化并出现黄褐斑，部分叶片枯死，茎节部黄褐枯死，水稻逐渐死亡

（三）其他作物药害症状与药害预防补救

芳氧基苯氧基丙酸类与环己烯酮类除草剂，对玉米等禾本科作物敏感，在生产中由于误用或飘移，易于发生药害；对阔叶作物安全，但生产中与由于其他农药混用不当，或是个别品种在工业生产中的溶剂、乳化剂选用不当、存放时间太长，也会发生药害。药害症状见图 8-11 至图 8-15。

50ml/667米² 100ml/667米² 150ml/667米² 空白

图8-11 在玉米生长期，模仿飘移或错误用药，喷施12%烯草酮乳油9天后的药害症状 受害后叶片红紫色，生长缓慢，个别叶片枯死

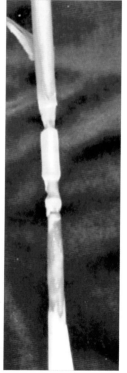

图8-12 在玉米生长期，模仿飘移或错误用药，喷施12%烯草酮乳油9天后的药害症状 受害后茎节部黄褐色腐败、坏死，易折断倒伏

图8-13 在大豆生长期，喷施精喹禾灵对大豆的药害症状 大豆出现黄色斑点。药害原因可能是精喹禾灵中加入了不合适的溶剂或助剂，特别是在高温干旱时喷施易于发生药害

图8-14 在大豆生长期，喷施禾草灵对大豆的药害症状 大豆出现黄色斑点。药害原因可能是禾草灵中加入了不合适的溶剂或助剂，或与其他药剂混用不当

图8-15 在大豆生长期，喷施精喹禾灵对大豆的药害症状 大豆出现黄色斑点。药害原因可能是精喹禾灵与其他农药混用，或是加入了不合适的溶剂或助剂、洗衣粉等

(四)芳氧基苯氧基丙酸类与环己烯酮类除草剂的安全应用原则与药害补救方法

芳氧基苯氧基丙酸类与环己烯酮类除草剂，各品种的适用作物及防除对象基本一致。它们对几乎所有的双子叶作物都很安全，有些品种还可用于水稻、小麦等作物。

 **药害的预防与补救**

　　该类除草剂与一般除草剂不同，高温促使药效显著下降。当用低剂量时，温度的影响特别大，当温度从10℃上升到24℃时，0.75千克／667米²禾草灵甲酯防治野燕麦的效果下降33％，而温度上升至17℃时不受影响，高剂量下受温度的影响较小。在低温条件下，药剂在植物体内的降解速度缓慢，毒性增强。在生产中，特别是在麦田应用禾草灵甲酯防治燕麦草时，应根据作物与杂草情况，适当提早用药，选择在低温条件下喷药乃是提高防治效果的重要因素之一。

　　禾草灵、精恶唑禾草灵(加入安全剂)为麦田除草剂，对小麦相对安全，生产中应严格把握用药量，否则易于发生药害。精吡氟禾草灵、吡氟氯禾灵、精喹禾灵等可以用于阔叶作物防治禾本科杂草，对阔叶作物安全。氰氟草酯可用于稻田防治一年生和多年生禾本科杂草。

第九章　二硝基苯胺类除草剂的药害与预防补救

一、二硝基苯胺类除草剂的典型药害症状

二硝基苯胺类除草剂严重抑制细胞的有丝分裂与分化，破坏核分裂，被认为是一种核毒剂。其破坏细胞正常分裂，根尖分生组织内细胞变小或伸长区细胞未明显伸长，特别是皮层薄壁组织中细胞异常增大，胞壁变厚；由于细胞极性丧失，细胞内液泡形成逐渐增强，因而在最大伸长区开始放射性膨大，从而造成通常所看到的根尖呈鳞片状。该类药剂的药害症状是抑制幼芽的生长和次生根的形成。具体药害症状表现在以下几个方面：

1.该类药剂的典型药害症状是根短而粗，无次生根或次生根稀疏而短，根尖肿胀成棒头状，芽生长受到抑制，下胚轴肿胀，典型药害症状见图9−1。

2.受害植物芽鞘肿胀、接近土表处出现破裂，植物出苗畸型、缓慢或死亡，药害症状见图9−2。

图9−1　氟乐灵在大豆芽前施药不当的药害症状

3．受害植物矮小，叶片皱缩或畸型，根系生长受到严重抑制，药害症状见图9-1和图9-3。

4．一般作物受害后持续时间较长，轻度药害多数可以恢复，重者缓慢死亡。

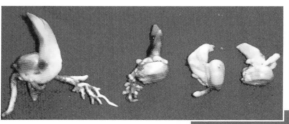

图9-2　氟乐灵在玉米播后芽前施用的药害症状

图9-3　二甲戊乐灵在棉花播后芽前施用的药害症状

处理　空白

二、各类作物的药害症状与药害预防补救

(一)小麦药害症状与药害预防补救

二硝基苯胺类除草剂对小麦易于发生药害，在生产中由于误用或前茬蔬菜等作物残留，可能会发生药害。药害症状见图9-4至图9-6。

空白　200ml/667米²

图9-4　在小麦播后芽前，喷施48%氟乐灵乳油30天后的症状　受害小麦茎叶矮小、皱缩、畸形。药害轻的小麦逐渐恢复生长；药害重的叶片卷缩不长，缓慢死亡

第九章　二硝基苯胺类除草剂的药害与预防补救

图9-5　在小麦播后芽前，模仿错误用药，喷施33％二甲戊乐灵乳油14天后的药害症状　受害小麦出苗缓慢、稀疏，茎叶矮小、卷缩、畸形

空白　　200ml/667米²

空白　　200ml/667米²　300ml/667米²

图9-6　在小麦播后芽前，喷施48％氟乐灵乳油30天后的药害症状　受害小麦根系发育不良，须根少、根尖棒状，茎叶矮小、卷缩、畸形，生长受到严重抑制

（二）水稻药害症状与药害预防补救

　　二硝基苯胺类除草剂对水稻易于发生药害，在生产中由于误用或施药不当，可能会发生药害。药害症状见图9-7至图9-9。

图9-7　在水稻发芽播种后，模仿错误用药，在秧田喷施48％地乐胺乳油200毫升／667米² 19天后的药害症状　受害后出苗缓慢、稀疏，出苗后叶尖枯黄，茎叶矮小、畸形扭曲、枯黄，生长受到严重抑制，重者逐渐死亡

107

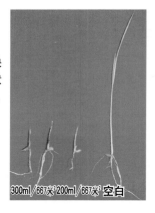

图9-8 在水稻催芽播种后，模仿错误用药，在秧田喷施33％二甲戊乐灵乳油9天后的药害症状 茎叶矮小、枯黄、有黄褐色枯死斑，生长缓慢，逐渐死亡

图9-9 在水稻催芽播种后，模仿错误用药，在秧田喷施33％二甲戊乐灵乳油200毫升／667米²5天后的药害症状 受害后出苗缓慢、稀疏，叶尖枯黄，茎叶矮小，生长受到严重抑制

（三）玉米药害症状与药害预防补救

二硝基苯胺类除草剂可以用于玉米田防治多种一年生禾本科杂草和部分阔叶杂草，对玉米相对安全，但施药后遇低温、高湿天气，或用药量过大时易于发生药害。药害症状见图9-10至图9-12。

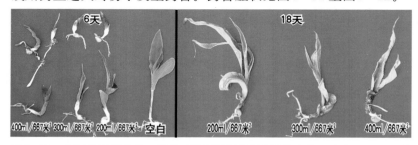

图9-10 在玉米播后芽前，喷施48％氟乐灵乳油后的症状 受害后6天出苗稀疏，根系发育受到抑制，茎叶卷缩、畸形，生长受到严重抑制。18天后虽然有所恢复，但生长较空白对照长势很差，重者逐渐萎蔫死亡

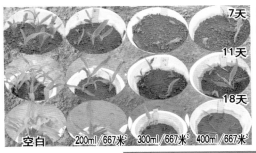

图9-11　在玉米播后芽前，模仿错误用药，喷施48%氟乐灵乳油后的药害症状　受害玉米植株矮小，畸形，生长受到严重抑制，轻者可以恢复，长势明显差于空白对照，重者缓慢死亡

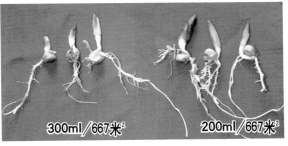

图9-12　在玉米播后芽前，遇持续低温高湿情况下，喷施33%二甲戊乐灵乳油30天后的药害症状　受害后出苗缓慢、稀疏，根系发育受到抑制、须根少，茎叶矮小、卷缩、畸形，生长受到严重抑制，重者缓慢死亡

(四)花生药害症状与药害预防补救

二硝基苯胺类除草剂中多个品种均可以用于花生田防治多种一年生禾本科杂草和部分阔叶杂草，对花生相对安全；但施药后遇低温、高湿天气，或用药量过大时易于发生药害。药害症状见图9-13。

图9-13　在花生播后芽前，低温高湿条件下，喷施48%氟乐灵乳油后的药害症状　受害花生出苗缓慢，根系受到抑制，矮缩、长势差。药害轻者逐渐恢复生长，重者缓慢枯萎死亡

109

（五）大豆药害症状与药害预防补救

二硝基苯胺类除草剂中多个品种均可以用于大豆，施药后遇低温、高湿天气，或用药量过大时易于发生药害。药害症状见图9-14至图9-16。

图9-14　在大豆播后芽前，低温高湿条件下，喷施33%二甲戊乐灵乳油9天后的药害症状　受害后出苗缓慢，根系受到抑制，叶片皱缩、畸形，长势差

图9-15　在大豆播后芽前，低温高湿条件下，喷施48%氟乐灵乳油8天后的药害症状　受害后出苗缓慢，根系受到抑制，叶片皱缩、畸形，长势差。轻度受害大豆基本上可以恢复，重者叶片皱缩、畸形，生长受到严重抑制或死

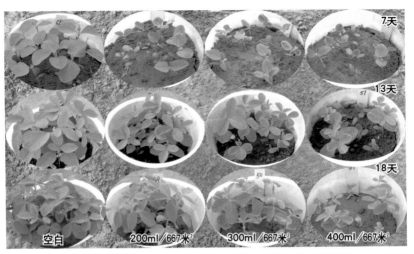

9-16　在大豆播后芽前，模仿错误用药，喷施33％二甲戊乐灵乳油后的药害症状　受害大豆植株矮小，畸形，生长受到抑图制，轻者可以恢复，长势明显差于空白对照，重者缓慢死亡

（六）棉花药害症状与药害预防补救

二硝基苯胺类除草剂中多个品种均可以用于棉花，但施药后遇低温、高湿天气，或用药量过大时易于发生药害。药害症状见图9-17和图9-19。

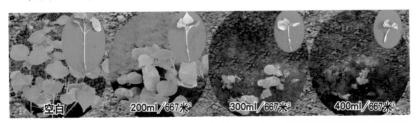

图9-17　在棉花播后芽前，低温高湿条件下，喷施48％地乐胺乳油16天后的药害症状　受害后出苗缓慢，根系受抑制，植株矮化，药害重者缓慢死亡

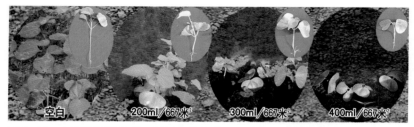

图9-18　在棉花播后芽前，低温高湿条件下，喷施48％氟乐灵乳油16天后的药害症状　受害后出苗缓慢，根系受到抑制，心叶卷缩、畸形，子叶肥厚，下胚轴肿大、脆弱，生长受到严重抑制

图9-19　在棉花播后芽前，低温高湿条件下，喷施33％二甲戊乐灵乳油后的药害症状　受害后出苗缓慢，根系受到抑制，根系短而根数少，心叶畸形皱缩，植株矮小，重者萎缩死亡

（七）其他作物药害症状与药害预防补救

　　二硝基苯胺类除草剂可以用于多种蔬菜和农作物，但施药后遇低温、高湿天气，或用药量过大时易于发生药害；该类药剂对黄瓜、葱等作物安全性差，也易于发生药害。药害症状见图9-20至图9-32。

图9-20　在黄瓜播后芽前，喷施48％氟乐灵乳油后的药害表现　受害后出苗缓慢，生长受到抑制，心叶畸形、卷缩，植株矮小，长势差于空白对照，重者逐渐萎缩死亡

图9-21　在黄瓜播后芽前，喷施33％二甲戊乐灵乳油30天后的药害症状　受害后出苗缓慢，根系受到抑制，根系短而根数少，心叶畸形卷缩，植株矮小，长势差于空白对照，重者萎缩死亡

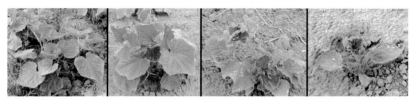

图9-22　在黄瓜播后芽前，喷施33％二甲戊乐灵乳油43天后的药害症状　受害后出苗缓慢，叶色暗绿，心叶皱缩、畸形，植株矮小，长势差于空白对照，重者叶片黄化死亡

图9-23　在芸豆播后芽前，喷施33％二甲戊乐灵乳油后的药害症状　心叶畸形、皱缩，植株矮小，一般情况下以后可以恢复生长

图9-24 在辣椒播后芽前，喷施33％二甲戊乐灵乳油后的典型药害症状 受害辣椒心叶畸形、皱缩，植株矮化，叶色暗绿，长势明显差于空白对照

图9-25 在白菜播后芽前，喷施33％二甲戊乐灵乳油后的典型药害症状 受害白菜心叶脆弱、畸形，植株矮化，叶色暗绿，长势明显差于空白对照，重者黄化、萎缩死亡

图9-26 在白菜播后芽前，喷施33％二甲戊乐灵乳油41天后的药害比较 受害白菜叶片皱缩，不能完全展开，长势受到一定程度的影响，重者黄化死亡

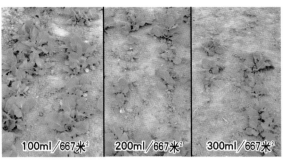

图9-27　在白菜播后芽前，喷施33％二甲戊乐灵乳油后的药害表现　受害白菜长势受到不同程度的影响，重者叶片黄化、萎蔫死亡、缺苗断垄

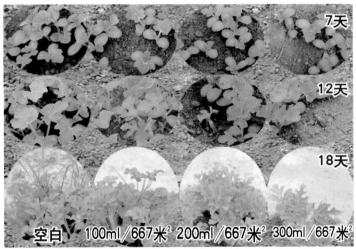

图9-28　在西瓜播后芽前，喷施48％氟乐灵乳油后的药害症状　受害西瓜心叶脆弱、膨胀，植株矮化，叶色暗绿，长势明显差于空白对照，重者可能黄化、萎缩死亡

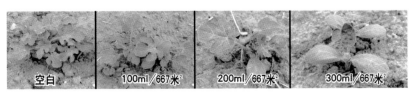

图9-29　在西瓜播后芽前，喷施33％二甲戊乐灵乳油25天后的药害症状　受害西瓜心叶皱缩，植株矮化，叶色暗绿，长势明显差于空白对照，重者黄化、萎缩死亡

除草剂 药害的预防与补救

图9-30 在西瓜播后芽前，喷施33％二甲戊乐灵乳油40天后的药害症状 低剂量下西瓜生长基本正常；高剂量下矮化、叶片皱缩、叶色暗绿，长势明显差于空白对照，重者萎缩死亡

图9-31 在西瓜播后芽前，喷施33％二甲戊乐灵乳油7天后的药害症状 受害西瓜心叶脆弱、膨胀，植株矮化，叶色暗绿，长势明显差于空白对照

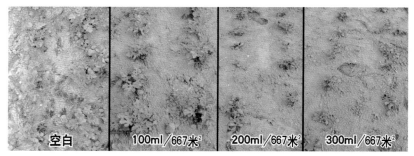

图9-32 在西瓜播后芽前，喷施33％二甲戊乐灵乳油40天后的药害症状 低剂量下西瓜生长基本正常；高剂量下长势差于空白对照，重者萎缩死亡，出现缺苗现象

（七）二硝基苯胺类除草剂的安全应用原则与药害补救方法

氟乐灵和地乐胺易于挥发与光解，喷药后应及时拌土 3～5 厘米深，不宜过深，以免相对降低药土层的含药量和增加对作物幼苗的伤害。从施药到混土的时间一般不能超过 8 小时，否则会影响药效。药效受土壤质地和有机质含量影响较大，用量应根据不同条件而定。氟乐灵残效期较长，在北方低温干旱地区可长达 10～12 个月，对后茬的高粱、谷子有一定的影响。瓜类作物及育苗韭菜、直播小葱、菠菜、甜菜、小麦、玉米、高粱等对氟乐灵比较敏感，不宜应用，以免产生药害。氟乐灵饱和蒸气压高，在棉花地膜床使用，药时过大易产生药害。

第十章　联吡啶类除草剂的
药害与预防补救

一、联吡啶类除草剂的典型药害症状

联吡啶类除草剂是非选择性除草剂，主要作用于光合系统I，对所有绿色植物均有杀伤作用。植物受害后的药害症状是接触雾滴的植物组织迅速坏死，造成不同形状的触杀性斑点，进而干枯、死亡（图10-1和图10-2）；植物受害症状表现迅速，一般施药后光照条件下几个小时即表现药害症状，24小时植物开始枯死。

图10-1　百草枯叶面飘移到玉米1天的药害症状

图 10-2　百草枯叶面飘移到大豆 2 天的药害症状

二、各类作物的药害症状与药害预防补救

联吡啶类除草剂生产上应用的品种主要有百草枯，是快速触杀性除草剂，它们杀死植物的绿色组织，药剂一旦接触土壤便丧失活性。在作物播种前以及播种后、出苗前喷洒百草枯，可以有效地消除已出生的杂草；可以用于林地、玉米、棉花等作物进行定向喷雾，防治多种杂草，但生产中往往施用不当、或产生飘移，对多种作物发生药害。因为该类除草剂药害迅速，受害后难于采取补救措施。受害作物叶片迅速产生斑点性枯死，作物心叶未死者以后还会发出新叶逐渐恢复生长。具体药害症状见图 10-3 至图 10-10。

除草剂 药害的预防与补救

空白　　　50ml/667米²　　　100ml/667米²　　　150ml/667米²

图10-3　在水稻生长期，模仿错误用药，喷施20％百草枯水剂24小时后的药害症状　受害叶片黄化、斑点性黄枯，从叶尖和叶缘枯死，个别未死心叶，可以发出新叶

8小时　　　5天　　　10天

图10-4　在玉米生长期，喷施20％百草枯水剂50毫升/667米²后的药害表现过程　施药几小时后叶片出现水浸状斑，以后受害叶片黄化、枯死，个别未死心叶，仍可以发出新叶

图10-5　在玉米生长期，田间定向喷施20％百草枯水剂100毫升/667米²，药液飘移到上部叶片10天后的药害症状　受害叶片斑点性枯死，重者整叶枯死

图10-6 在玉米生长期，田间定向喷施20%百草枯水剂100毫升／667米²，药液飘移到上部叶片10天后的药害症状 受害叶片斑点性枯死，重者整叶枯死

图10-7 在甘薯生长期，模仿飘移，在一定距离处喷施20%百草枯水剂50毫升／667米²，药液飘移到甘薯上1天后的药害症状 受害叶片斑点状枯死

图10-8 在棉花生长期，模仿飘移，在一定距离处喷施20%百草枯水剂50毫升／667米²，药液飘移到棉花1天后的药害症状 受害叶片斑点状枯死

图 10-9 在白菜生长期，模仿飘移，在一定距离处喷施 20% 百草枯水剂 50 毫升／667 米² 2 天后的药害症状 受害叶片斑点性枯死，轻者心叶未死，以后还会发出新叶

图 10-10 在大蒜生长期，模仿飘移，喷施 20% 百草枯水剂 50 毫升／667 米² 8 天后的药害症状 受害叶片斑点性枯死，轻者心叶未死，以后还会发出新叶

第十一章　有机磷类除草剂的药害与预防补救

一、有机磷类除草剂的典型药害症状

草甘膦主要是抑制植物分生组织的代谢过程，植物生长受抑，最终死亡。失绿是植物最先发生的药害症状，随着失绿逐渐变黄而枯萎，生长停滞与矮化，降低顶端优势，地下部坏死，但整个植株全部死亡比较缓慢，其典型药害症状见图11-1和图11-2。

莎稗磷药害后的典型症状是作物不能发芽出苗，或出苗后生长受抑，幼苗发育畸型，典型药害症状见图11-3。

图11-1　草甘膦对玉米的药害症状

图11-2　草甘膦对大豆的药害症状

图11-3　莎稗膦对玉米的药害症状

二、各类作物的药害症状与药害预防补救

　　草甘膦是一种灭生性除草剂，生产中由于误用或飘移可能发生药害。莎稗磷是稻田的除草剂，据报导可以用于其他一些作物田，但施用不当易于产生药害。因为该类除草剂药害迅速，受害后难于采取补救措施。受害作物症状表现较慢，症状出现后药害已经较重，生产上难于采取补救措施。药害症状见图11-4和图11-11。

图11-4　在小麦生长期，模仿错误用药，喷施41％草甘膦水剂100毫升／667米²后的药害症状　受害小麦茎叶失绿、发黄，心叶尖部死亡，最后全部叶片枯死

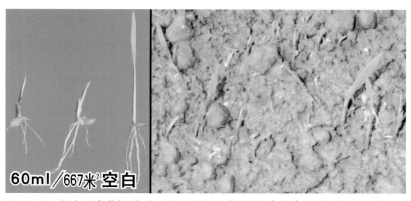

图11-5　在水稻发芽播种后，秧田喷施30％莎稗膦乳油60毫升／667米² 18天后的药害症状　茎叶弱小皱缩，部分茎叶枯死，秧苗生长较差，生长受到抑制

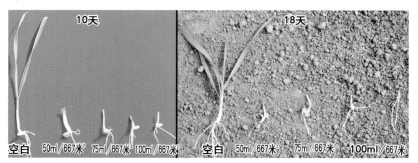

图11-6　在小麦播后芽前，温度较高条件下，喷施30％莎稗膦乳油后的药害症状　施药后10天开始出土，以后受害小麦出苗缓慢、稀疏，茎叶失绿、发黄、畸形，部分叶片枯死

图 11—7 在水稻移栽返青后，叶面喷施 30% 莎稗膦乳油 20 天后的药害症状 部分茎叶枯黄、死亡，生长受到抑制，但以后会逐渐恢复生长

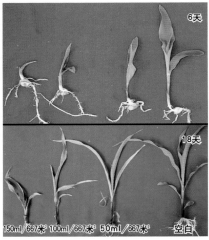

图 11—8 在玉米播后芽前，喷施 30% 莎稗膦乳油后的药害症状 玉米出苗稀疏，苗后茎叶畸形扭曲，生长受到抑制。随着生长，低剂量药害可以恢复；高剂量药害茎叶畸形、扭曲，生长受到严重抑制

图 11—9 在玉米生长期，错误施用 41% 草甘膦水剂 50 毫升 /667 米² 后的田间药害症状 受害玉米茎叶黄化，重者枯萎死亡，严重影响玉米产量

图 11-10　在玉米生长期，模仿飘移或错误用药，低量喷施 41％ 草甘膦水剂 50 毫升 ／667 米^2 后的药害症状　受害后茎叶失绿、发黄，叶片逐渐枯死

图 11-11　在大豆生长期，模仿飘移或错误用药，低剂量喷施 10％ 草甘膦水剂后的药害症状　受害茎叶失绿、黄化、逐渐枯死，但一般彻底死亡所需时间较长

金盾版图书,科学实用,
通俗易懂,物美价廉,欢迎选购

以上图书由全国各地新华书店经销。凡向本社邮购图书或音像制品,可通过邮局汇款,在汇单"附言"栏填写所购书目,邮购图书均可享受 9 折优惠。购书 30 元(按打折后实款计算)以上的免收邮挂费,购书不足 30 元的按邮局资费标准收取 3 元挂号费,邮寄费由我社承担。邮购地址:北京市丰台区晓月中路 29 号,邮政编码:100072,联系人:金友,电话:(010)83210681、83210682、83219215、83219217(传真)。